武汉现代化城市治理实践
汉口滨江国际商务区实施之路

URBAN GOVERNANCE MODERNIZATION PRACTICE IN WUHAN CITY—THE
IMPLEMENTATION OF HANKOU RIVERFRONT INTERNATIONAL BUSINESS DISTRICT

武汉市自然资源和规划局
武汉市自然资源保护利用中心　编 著

中国建筑工业出版社

《武汉现代化城市治理实践
汉口滨江国际商务区实施之路》
编写委员会

主　　任：盛洪涛　王　洋

副主任：周　强　杨维祥　田　燕　金保彩　聂胜利

委　　员：熊向宁　叶　青　郑振华　陈　韦　余　翔　周　硕

　　　　　李全春　吴　茜　黄　焕　金绍华　熊　伟　汪　云

主　　编：熊向宁　陈　伟　彭　阳

参　　编：杨　俊　李　励　张　琳　陈雨婷　胡梦希

　　　　　李　进　吕茂鹏　许　庆　刘　巍　闵文兵

采　　编：刘　莉　虞珺珺　吴以纯　陈凌燕
　　　　　（瓦当文化）

序

思与行：
汉口滨江的规划实施探索

"城，以盛民也；市，买卖之所也。"

早在将近两千年前的《说文解字》中，许慎已道明城市存在的意义，其一让人安居，其二让人乐业。"安居乐业"，代表着千百年来中国人对美好生活的至高向往。时间的长河流淌不息，城市的发展从原始聚落走向匠人营城，一座座伟大城市，伴随着人类文明的不断成熟和演进，作为人群居生活的最高级形式，凝结着人的智慧、胆识和魄力。经由工业文明来到生态文明、数字时代，如何让城市以生产、生活和生态相融合的形态满足人们在城市中的栖居理想，为城市创造更美好的生活，成为每一座城市都要面临的课题，武汉也概莫能外。

21世纪第二个十年，随着国家进入发展的快车道，武汉的城市建设也进入高速发展阶段。当国家中心城市、长江经济带核心城市等一系列重大国家战略聚焦武汉，以科学的规划引领城市发展、凸显城市特色，完善机制要素，促进城市高质量发展，探索中国式现代化建设"武汉模式"，成为摆在每一个武汉城市规划工作者和城市建设者案头必修的功课。

为了解决过去资源配置分散、城市发展的战略重点不突出、战略性功能谋划不足等问题，2013年，武汉在学习借鉴北京、上海、广州、深圳等城市重点功能区建设经验的基础上，开始初步构建城市重点功能区实施体系。汉口滨江国际商务区的规划和实施，是武汉市以重点功能区的建设，探索城市功能和空间重构方式踏出的第一步。

打破传统规划编制、实施、运营"各自为政"的藩篱，汉口滨江国际商务区在"规—建—管—治"的全流程中实施一体化运作，以规划为引领，创新性地提出"统一规划、统一设计、统一储备、统一招商、统一建设、统一运营"的"六统一"工作模式，以规划的全面实施落地性为导向，保障规划蓝图在各个环节、各个阶段不走样，充分体现了城市治理的精细化思路。

　　十年磨一剑。今天，这纸蓝图为汉口滨江描绘的图景渐渐成为现实，一座代表着大武汉复兴决心的金融总部商务区在长江边崛起。这里将是未来武汉现代服务业发展的宜业之核，是步行友好低碳可持续的宜居之地，是依托长江文化传承的宜游之所，是数字时代智能治理的智慧之城。

　　1933年发布的城市规划理论和方法纲领性文件《雅典宪章》提出，城市规划的目的是解决在城市中生活的人们居住、工作、游憩与交通四大功能活动的正常进行。在九十年后的今天回看，这些依然是城市规划者们的工作目标和职责。我们希望在武汉，通过汉口滨江国际商务区的规划实施和探索，城市的规划者和建设者们能为居住在这座城市的人们创造这样的生活，一种更美好的生活。

目录

序　　思与行：汉口滨江的规划实施探索

上篇：缘起与构建

第一章　滨江赋能 / 002
第1节　伴江而生的名镇汉口 / 002
第2节　几何式生长的汉口外延发展之路 / 007
第3节　两江四岸开启滨江时代 / 012
第4节　百年梦回，汉口滨江 / 016

第二章　"全生命周期"赋能新汉口繁荣之路 / 019
第1节　新发展阶段下的城市治理新要求 / 019
第2节　实现全周期管理，探索武汉超大城市治理新路子 / 023
第3节　有机生长的汉口滨江国际商务区 / 027

中篇：行动与实践

第三章　规划兴城：统一规划，统一设计 / 032
第1节　整体治理，共谋区域发展 / 032
第2节　统一规划，三位一体为区域赋能 / 035
第3节　统一设计，描绘精细化设计蓝图 / 100

第四章　土地营城：统一储备，统一招商 / 107
第1节　综合治理，提升区域土地价值 / 107
第2节　统一储备，助力城市功能实现 / 110
第3节　统一招商，精准落实主体功能 / 115

第五章　建设筑城：统一建设，统一运营 / 123
第1节　系统治理，提升服务效能 / 123
第2节　统一建设，单元有序推进，节约建设周期和建设成本 / 124
第3节　统一运营，多元共建共享，持续打造宜居智慧城市 / 131

第六章　智慧理城：数字孪生，智慧城市 / 135
第1节　智慧治理，赋能现代城市智慧生活 / 135
第2节　孪生城市，以数字化城市蓝图提升空间管控 / 137
第3节　以孪生城市探索现代城市治理之路 / 144

下篇：展望与畅想

第七章　成效篇：正在崛起的宜居、韧性、智慧之城 / 148

第八章　展望篇：人们眼中的滨江活力与城市发展 / 154

参考文献 / 164

后记 / 166

上 篇 ： 缘 起 与 构 建

缘起

第一章　滨江赋能

第1节　伴江而生的名镇汉口

人们常说，世界上所有文明的发源地，在江河湖泊附近；每一座伟大的城市，都在大河之畔。水是生命之源。逐水而居，临水筑城，滨水而生是人类社会亘古不变的选择和规律。从3500年前武汉城市之根——盘龙城的选址，到武汉三镇的生长，都是对这句话的完美诠释。

在三镇中，因汉水改道最晚才生成的汉口，借滨江之利成为明清时期"千樯万舶之所归，货宝奇珍之所聚"的楚中第一繁盛之地，也是近代史上武汉步入现代化都市的起点，更是今天复兴大武汉的焦点。

五百年来，伴江而生的汉口历经世事，走过繁华沧桑，一路不断生长。我们仍然能在今天汉口的老街巷弄里，在某栋高楼、某个门楣，找寻到历史为这座城市留下的遗痕。

十数里滨江岸线，奔腾不息向东流去的江水，既是汉口的生命线，也是汉口生长过程的参与者和见证者，看着这座偌大的城市，是怎样萌生、发展，从过去到现在，走向未来。

汉口：因水而兴的商贸重镇

拥有长江、汉水两条黄金水道的加持，武汉的水资源在世界范围也并不多见；汉口的兴起，更与江水密不可分。

武昌和汉阳隔着长江、汉水交汇口相望的城市格局早在东汉末年就形成了。一千多年来，武昌和汉阳一直是鄂东南地区性行政、军事和经济中心。那时的汉口，只是汉阳县辖区内的一片苇荻，在夏秋涨水时更只是一片人烟稀少的河滩。

明成化年间，一直不起眼的汉口，被大自然忽地推到台前。公元1465年至1470年，汉水中下游连年水灾，洪水的冲刷改变了河道，从前多个入江口淤塞形成一个稳定的入江主河道，汉水自此经龟山北麓汇入长江。在汉水之北，就此形成了一片与汉阳隔汉江相望的陆地——这就是初生的汉口。在历史上被称作"汉水改道"的这次重大水文事件，使今天的武汉形成了"三镇鼎立"的独特城市格局和两江交汇的标志性景观。

武汉总图（清早期）
资料来源：皮明庥《武汉通史（图像卷）》

　　临水的汉口港深水阔，占水道之便、擅舟楫之利，渐渐有人在这个天生良港沿岸线修房设铺、繁衍生息，长江、汉水的商船经此停泊、卸货、贸易，汉口的市集渐渐显出繁茂之势——一座滨水的商贸重镇，开始了它的生发之旅。

　　明万历年间，汉口一跃成为长江中游最重要的港埠，汉口的商业、交通运输业、金融业得到迅速发展。商人的聚集、物资的集散、频繁的贸易，让这座因水而兴的名镇，在长江和汉水交汇处悄然崛起。

　　初生的汉口镇，空间的生长是大自然和商业贸易相结合的产物。而袁公堤的修建，则第一次为汉口划定了空间的范围。1635年，为防水患，汉阳通判袁焻主持修建了一条环绕镇北，上起硚口、下至长江边堤口（今王家巷码头下首），长约10里的"袁公堤"。长堤和长江、汉水一起，将汉口镇圈进一个狭长的包围圈。

　　将水患挡在堤外，极大地推动了汉口经济的发展。及至清康乾年间，汉口已经成为中国内陆最大的商埠，贸易、水运、服务业飞速发展，人口剧增。当时的文人这样描述已经实现社会分工和产业集群的汉口："楚北汉口一镇，户口二十余万，五方杂处，百艺俱全……查该镇盐、当、米、木、花布、药材六行最大。"在清代的《汉口竹枝词》中整体格局被描述为"地势上狭下宽，形如卧帚"的汉口，出现了"十里帆樯依市立，万家灯火彻夜明"的景象——这就是明清时期"江南四大名镇"之一、"天下四聚"之首，熠熠生辉的汉口。

从名镇到大城

1861年，汉口开埠。

开埠前的汉口，已经是长江中游最大的物流和商贸中心，然而在接下来的半个世纪，这里将完成从古典商贸重镇到现代国际都市的蜕变。

从开埠到20世纪初叶，今天南起江汉路，北至黄浦大街，被沿江大道和中山大道合围面积达2.2平方公里的区域，被划为五国租界。这片长3600余米，宽600余米的滨水空间，极大地拓展了汉口的城市范围。

17个国家的商人、传教士到汉口经商、设厂、传教、办学；各国领事馆、洋行、银行、工厂、码头出现在汉口的滨江地带；欧洲最流行的生活方式，也陆续全盘照搬到这里。在长江腹地名镇汉口的北边，迅速崛起了一座经过规划而形成的全新现代化都市——这个汉口，也是中国近代史上最早迈入现代化的城市之一。时至今日，依然有那个时代留下的178栋流派各异的领事馆、洋行、银行大楼建筑伫立在曾经的汉口老租界。

开埠对汉口的另一个意义，是城市的发展自此从汉江时代正式进入长江时代，经济走向从沿汉江逐渐转向沿长江。

在开埠前，汉口主要从事的是国内商品转出口贸易，经济重心在汉江沿岸。而开埠后，作为通商口岸，"华洋互市"让汉口迅速成为长江中游一个新的国际贸易集散地。当时汉口和上海、天津、广州一起，被称作全国四大港口。从1867年至1894年，汉口的年平均进出口总额在四大港口中仅次于上海。

19世纪末到20世纪初，张之洞督鄂18年，他主张新政，实行开放政策，兴办洋务，大力推动了武汉近代工商业的发展。这个阶段，汉口的贸易额迅猛增至此前的3倍。随着京汉铁路在1906年全线贯通，汉口成为拥有水运和铁路联运交通资源的全国性交通枢纽，汉口的商业流通版图得到了进一步拓展。当年汉口的内外贸易额达到了全国贸易额的12%；随后几年，汉口的年贸易额均达到1.3亿两白银。

那是汉口在中国的商业版图上最重要的时代。南来北往的工业原料和半成品来到汉口长江边的码头货栈，转运往上海，驶向世界各大洲；西方各国的商品也从上海溯江而上，从汉口转销到内陆各地。"驾乎津门，直逼沪上"的汉口，对外贸易额常居全国第二，是华中地区绝对的商贸中心、工业中心、交通中心和金融中心。

两江四岸实景图
资料来源：武汉市自然资源和规划局

如果说1635年袁公堤的修建第一次为汉口划定了城市的范围，那么，开埠后五国租界和汉口城堡的修建，让汉口从原来不到3平方公里的狭长带状空间不断扩张，北拓至长江沿岸，西进到今天的中山大道，在20世纪初形成了一座面积将近5平方公里的现代都市。

短短五十余年，汉口完成了从一座中国古代的内贸型商业中心，向具有强大辐射性外贸型国际大商埠的华丽转身。

汉口滨江国际商务区沿江景观效果图
资料来源：武汉市自然资源保护利用中心

第2节　几何式生长的汉口外延发展之路

从开埠前汉江边的"天下四聚"之首、近代工商业落位成就中国最早的现代化城市之一，到新中国成立后国家重点工业布局重点之地，今天的汉口，依然是武汉三镇最具活力的区域。

如果说老汉口是被往来贸易轮船的汽笛声唤醒，那么火车的隆隆声则震醒了毗邻滨江的另一片曾经荒无人烟的土地。京汉铁路的修建，让汉口的城市边界向长江以北推进了一公里多，城市空间得到了极大的拓展，这也是未来汉口中心城区的城市空间继续北扩的肇始。

在又一个百年，随着城市的发展和人口的增加，汉口经历了一场从滨江一路往北的外延式发展。

江岸的二七：中国现代工业肇始之地

1889年4月，张之洞动议清廷修建一条"自京城之外卢沟桥起，行经河南，达于湖北之汉口镇"的铁路，称这条铁路是"开放内地的利器"，对国家而言是事关国运的"自强要策"。

张之洞提议将铁路南端终点选在汉口，是因为进入轮船时代后，位于长江和汉江交汇处的汉口成为长江黄金水道的中点，而一旦贯穿中国南北的铁路落位于此，则"一路可控八九省之冲，人货辐辏，贸易必旺"——后来汉口的发展证明了张之洞的眼光和远见。

1897年，京汉铁路南端通济门至滠口段开始修筑，这标志着京汉铁路从南北两端正式同时开工修建。铁路，作为现代工业文明的象征，出现在了汉口的滨江，武汉也就此成为中国重工业的发端地之一。

20世纪初京汉铁路贯通后，铁路和长江航运在五国租界以北的刘家庙一带实现了联运，汉口的内外贸易额猛增，"进而摩上海之垒，使外人艳羡东方芝加哥不置"。用现在的眼光看，当时汉口的第二产业和第三产业都进入了蓬勃发展的阶段。由于铁水联运的车站和码头位于长江之北的岸边，被取名"江岸车站"和"江岸码头"，这也是今天武汉市江岸区的由来。

原本的汉口北郊的荒地——刘家庙，成为中国最早出现铁轨、铁路车站、铁路机务段、铁路机车厂的铁路工业产业聚集区；蒸汽火车转车盘这种工业设施，在接下来的一个世纪，成为这个区域的标志性存在。1901年底，依托京汉铁路从事火车散件组装和机车车辆维修的"京汉铁路江岸机厂"在汉口滨

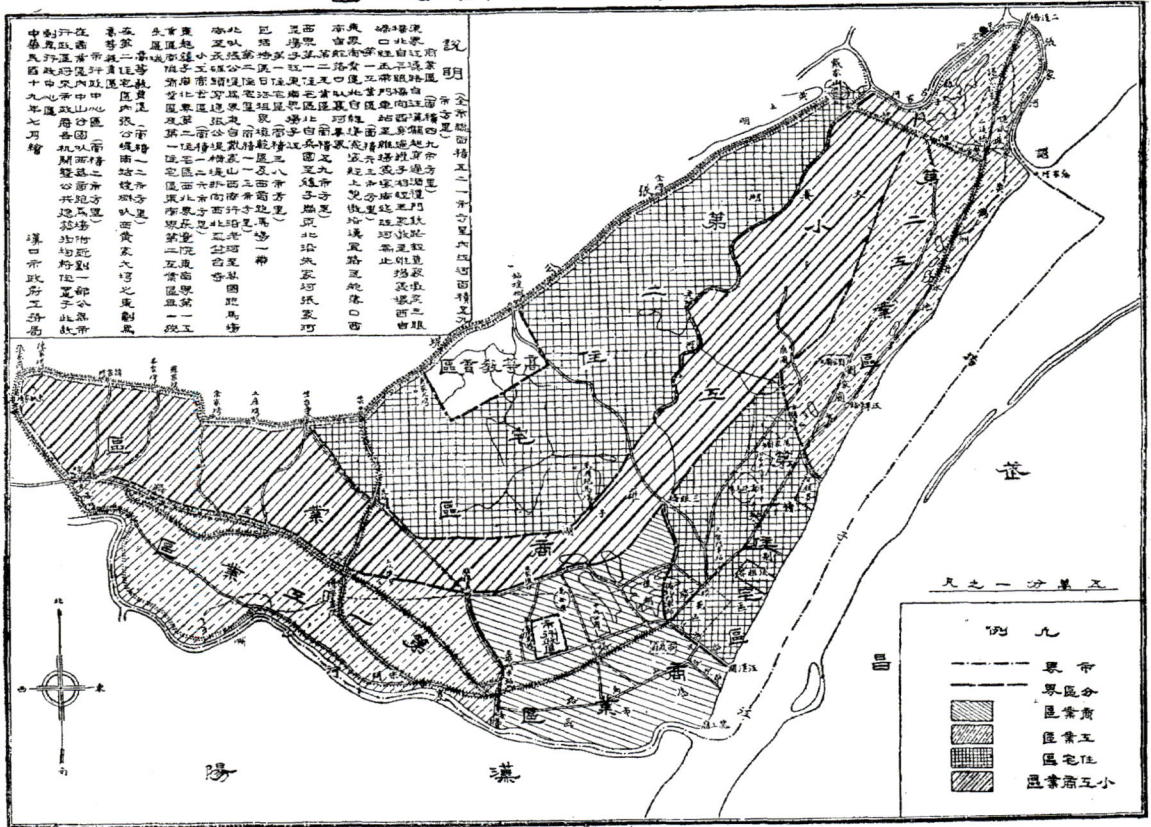

汉口市分区计划图
资料来源：《新汉口市政公报》（第一卷第十二期）

江创立，到1919年已经发展成为一间拥有大型厂房8个、设备100多台、总面积11000余平方米、工人500余名的大型铁路机车厂。短短的二十余年，刘家庙已经形成了汉口最早的重工业产业聚集区。在一张1930年代的"汉口市分区计划图"中，这个区域被划为汉口的"第二工业区"。

一场"京汉铁路工人大罢工"（又称"二七大罢工"），让人们渐渐遗忘了"刘家庙"这个地名。为了维护铁路工人的利益，1923年2月4日上午9时20分，一声罢工的汽笛在江岸车站拉响，传遍世界。2月7日，北洋军阀吴佩孚对参与罢工的群众进行了血腥镇压，林祥谦、施洋等40余位烈士惨遭杀害。

大罢工硝烟散尽后，武汉人开始习惯把这片位于江岸区东北部的滨江地带，即汉口滨江国际商务区所在区域叫作二七片区，这里有着悠久的历史。"二七"一名源于著名的"二七大罢工"事件；为纪念在大罢工中遇难的工运英雄林祥谦烈士，人们在江岸车站为他立起了雕像。直到搬迁离开二七片区前，以"京汉铁路江岸机厂"为基础创立的江岸车辆厂 每年都会组织职工在2月7日来到林祥谦的铜像前，回望在这片红色热土上发生过的一切，缅怀烈士，铭记历史。

从张之洞1889年督鄂兴办实业，为武汉奠定现代工业的基础，到新中国成立的1949年，时间刚好走过一个甲子。

新中国成立后，国家的经济急需重振。在"第一个五年计划"中，有着良好产业结构、区位条件、交通资源的武汉，成为国家重要的重工业基地。武汉钢铁厂、武汉重型机床厂、武汉锅炉厂和武汉造船厂等一批国家重点投资项目，就此在武汉相继落位，进一步强调了武汉在全国工业城市中的地位。

在中国现代工业发端地二七片区，京汉铁路江岸机厂经过改造后，转型成为隶属于铁道部的大型央企江岸车辆厂，是全国重要的铁路车辆制造和修理工厂之一。长江航务管理局、长江水利委员会、武汉铁路局等机构，以及全国第一家肉类联合加工厂——武汉肉联厂，也陆续在二七片区建起了办公大楼、工厂厂房和职工宿舍。铁路、港口运输、机械制造、食品加工等产业，在二七片区大量聚集。既沉淀着深厚多元的历史又是汉口重要工业区的二七片区，半个多世纪以来在武汉的城市发展进程中扮演着举足轻重的角色。

商务区内的武汉肉联厂现状
资料来源：武汉市自然资源保护利用中心

北扩外延的汉口

事实上，除修铁路、建钢厂为武汉打下了扎实的现代工业基础，极为重视市政建设的张之洞，从1904年开始为一直饱受水患之苦的汉口修建了一条从长丰坑至岱家山、总长34里的后湖长堤。就在京汉铁路全线贯穿的1906年，被人们叫作"张公堤"的堤防建成。从此，东北滨长江，西南临汉水，西北以张公堤为界的现代汉口城区空间范围基本成形。

张公堤建成后，张之洞主持拆除了汉口城堡，在堡基上建成了汉口第一条可以行驶机动车的马路，取名"后城马路"——也就是今天的中山大道。后城马路的出现，让汉口的商业中心逐渐从汉正街北移到五国租界附近。而在张公堤内，积水排干后形成了一大片土地，为未来汉口的继续生长提供了广阔的空间。

在武汉市自然资源保护利用中心（原武汉市土地利用和城市空间规划研究中心，简称"中心"）联合荷兰代尔夫特理工大学合作开展的"Mapping Wuhan——武汉空间结构和城市演变的形态学研究"中，我们清晰地看到武汉城市空间形态演变的外延趋势。尤其从1870年到1990年的120年间，武汉三镇沿长江、汉江核心向外圈不断扩张，城市空间增长迅速。

这份研究显示，武汉三镇三大老城核心肌理受到两江及湖泊的影响；远离水域的核心区的内陆外围地区，受铁路交通的影响，城市肌理逐步趋向于放射状的发展。到1990年前后，以汉正街旧城为依托发展的汉口，以中山大道、解放大道为轴，以沿江南北端的工业企业为拉动极，呈带状向两端延伸，形成汉口的主要骨架。同时几个次要发展轴大规模向北纵深腹地填充发展，城市空间由带状逐步变成饱满的扇形。

1988年，总长10.56公里的建设大道建成，汉口的中心城区进一步北扩。到2000年，建设大道上的青年路至香港路段形成了武汉的金融一条街，这条大道的两侧集合了几乎武汉所有的中外资银行、领事馆、外资企业等单位和机构，成为汉口中心城区经济活动最活跃、最富有活力的现代服务业聚集区。1999年，位于发展大道的武汉王家墩中央商务区被纳入《武汉市城市总体规划（1999—2020年）》，汉口的发展重心再度北进。汉口的再次北延，是2006年"后湖新城"建设方案被纳入武汉城市总体规划。尤其是2011年跨越汉口、武昌的武汉大道贯通，为自带"五纵三横"交通格局的后湖打开了新世界，集行政、商业、交通、文体、生态于一体的后湖新城成为汉口又一个城市中心。

至此，武汉市中心城区呈现出沿江集聚、多心分布的特征，一个又一个商业中心的崛起，构成了一个又一个经济与生活圈。

沿着奔腾东去的大江发展的城市并没有就此停步。随着中心城区的空间逐渐饱和，新一轮的城市更新已然到来。汉口发展的下一个中心在哪里？基于城市发展的战略目标、产业结构如可调整，越来越多的规划人开始了新一轮的思考。

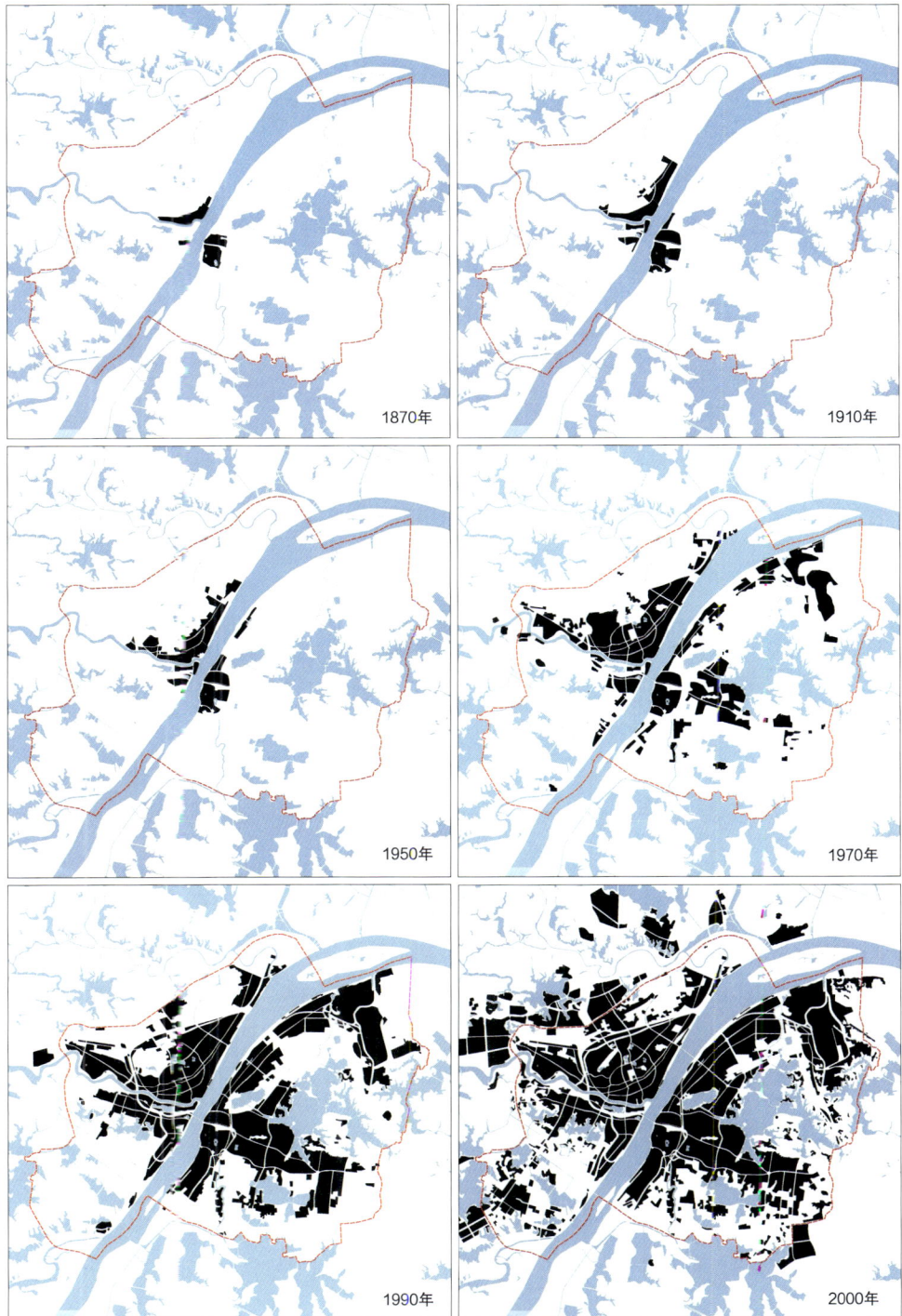

武汉城市建成区扩展演变历程图
资料来源：武汉市自然资源保护利用中心

第3节　两江四岸开启滨江时代

进入21世纪，建设"两型社会"、建设国家中心城市、长江经济带、长江大保护等一系列重大国家发展战略相继将发展重心聚焦在具有良好区位优势和产业基础的武汉。

如何调整城市空间布局，完成产业结构的升级，以此提高城市能级，承担国家赋予武汉的发展重任？武汉将目光投射到了滨江的两江四岸——这里是城市诞生、发展的起点和初心，也是武汉踏上再度辉煌之路空间演进的必然选择。

重回滨江的汉口

2007年12月，国务院批准武汉城市圈成为"全国资源节约型和环境友好型社会"（简称"两型社会"）建设综合配套改革试验区。

将这个探索新型城镇化道路综合改革的试验区选址定于中部的武汉，是国家具有明显区位和战略导向意味的决策，也标志着改革开放30年后，武汉将担负起国家中部崛起"引擎"的重任，成为中部崛起国家战略的龙头城市之一。

在"十二五"开局的2011年，武汉基于自身发展的需求，提出了"建设国家中心城市，复兴大武汉"的奋斗目标。就在国务院批复支持武汉建设国家中心城市的2016年，国家提出要把长江全流域打造成黄金水道，依托黄金水道建设长江经济带的重大发展战略。在《长江经济带发展规划纲要》中，上海、武汉和重庆被列为长江沿岸三个核心城市，将在推动经济由沿海溯江而上梯度发展方面起到重要引领作用。

2018年4月，习近平总书记在武汉主持召开的深入推动长江经济带发展座谈会上，系统阐述了共抓大保护、不搞大开发和生态优先、绿色发展的丰富内涵。基于长江经济带战略，国家进一步提出长江大保护任务，武汉成为其中重要的节点城市。

过去十余年的一系列重大国家级发展战略，对武汉提出了依据资源环境承载能力谋求发展，大力推广低碳技术，加大绿色投资，倡导绿色消费，促进绿色增长，实现经济效益与生态效益有机统一的要求。武汉需要通过一系列由政府主导的城市空间布局和产业结构调整，提升城市能级，实现高质量发展，承担起国家中心城市对区域发展的龙头作用。

纵观世界上大多数国家的产业结构变化历程，传统城镇化道路以制造业等重工业、第二产业为龙头，新型城镇化强调以第二、三产业为龙头，大力发展现代制造业和现代服务业。作为传统的重工业城市，武汉建设"两型社会"和国家中心城市，首要任务是明确产业定位和城市整体发展目标，提高产业竞争力。依托武汉的商贸传统、区位优势、科教优势 大力发展金融业、交通物流、高新技术等现代服务业，成为武汉市中心城区发展的当务之急。

事实上，早在《武汉市国民经济和社会发展第十二个五年规划纲要》中，武汉市就提出优化城市空间布局，构建"1+6"城市格局的目标。尤其在主城区，重点沿两江四岸开发建设，将滨江地带建设成为商贸、商务等功能的聚集区，轴向延伸、有序拓展滨江活动。在这个区域内加快发展服务经济，建设全国重要的现代服务业中心，形成一批现代服务业的产业聚集区，成为规划的重要内容。

在"十四五"开局之年，武汉市提出锚定国家中心城市、长江经济带核心城市、国际化大都市总体定位，加快打造全国经济中心、国家科技创新中心、国家商贸物流中心、国际交往中心和区域金融中心，努力建设现代化大武汉，将"两江四岸"作为武汉中心城区发展的核心区域。

在过去的数百年间，长江和汉江交汇形成的两江四岸滨江地带，不仅是武汉城市空间的生长之根，也是城市发展的舞台。那么来到一系列国家级发展战略和城市自身发展需求都需要寻找空间落位的今天，回归滨江也成为武汉高质量发展的必然。

两江四岸：景观和功能的承载空间

著名城市理论家、"全球城市"概念的提出者萨斯基娅·萨森教授在造访武汉时，提出"武汉是未被发现的全球城市，水是武汉通往全球城市的重要通路"。对武汉而言，两江四岸的滨江地带未来既是展现这座城市空间格局和城市形象的主角，也是城市功能组织的核心。

事实上，近二十年，武汉两江四岸的滨江空间围绕着城市安全、城市形象、城市功能，正悄然发生着一些改变。

自20世纪末，国务院明确要求"将武汉建设成为具有滨江、滨湖特色的现代化城市"后，6个风格各异、总面积超过800公顷的江滩公园，在武汉两江四岸逐步建成。既是防洪工程又是环境综合整治工程的汉口江滩，从2001年启动第一期建设，到2019年第四期完工，串联了长江北畔从武汉科技馆到二七长江大桥的滨江岸线，集城市防洪、景观、旅游、休闲、体育健身等功能于一体。

2010年后，武汉市也是从两江四岸开始，为城市产业结构升级进行空间布局。两江四岸地区成为承载武汉建设国家中心城市综合服务功能的空间载体。对标上海等世界滨水名城，相继启动汉口滨江国际商务区、武昌滨江商务区等重点功能区的规划建设，两江四岸地区逐渐成为城市发展主轴和彰显山水城市独特魅力的核心窗口。

当城市迈入高质量发展的新时期，武汉市按照落实长江大保护的战略要求，对两江四岸地区进行新的规划布局，致力打造两江四岸的生活岸线、生态岸线、功能岸线，让城市更宜居、宜业、宜游。统筹布局十个错位发展的特色功能区，汉口滨江国际商务区、汉正街中央服务

第4节 百年梦回，汉口滨江
第3节 两江四岸开启滨江时代
第2节 几何式生长的汉口外延发展之路
第1节 伴江而生的名镇汉口

区、武汉滨江商务区聚焦国家中心城市战略性新兴产业功能，提升当代大城市形象；武昌古城、汉阳古城和汉口历史风貌区要兼顾保护与发展，复兴千年古城风韵；青山滨江区、汉阳滨江区、谌家矶滨江区、白沙滨江区激发新兴产业发展，谋划未来城市格局。

汉口、武昌、汉阳三镇依江而生，伴江而长，见证了长江和汉水以怎样的方式滋养着这座城市，与它交融生长。站在新的时间节点，依然是这条大江，静静流淌，见证城市的成长。

武汉"两江四岸"核心区效果图
资料来源：武汉市自然资源和规划局

第4节　百年梦回，汉口滨江

在武汉的两江四岸滨江地带中，汉口滨江在五百余年间，历经传统商埠、开埠之城、现代都市、近代工业肇始之地的变迁，又容纳着今天武汉人的生活。

这里是老汉口记忆的原点。在一街一巷中，透过一栋栋楼宇、一扇扇窗棂，走进城市史的深巷，岁月为这里留下了独属于武汉的商埠文化、租界文化、里分文化、洋行文化、红色文化和工业文化。

百年前的老汉口，曾是中国中部经济发展的巨大引擎；在一座大城提出复兴梦想的今天，汉口的滨江的空间，依然有属于它的使命和担当。

汉口里分实景图
资料来源：俞诗恒 摄

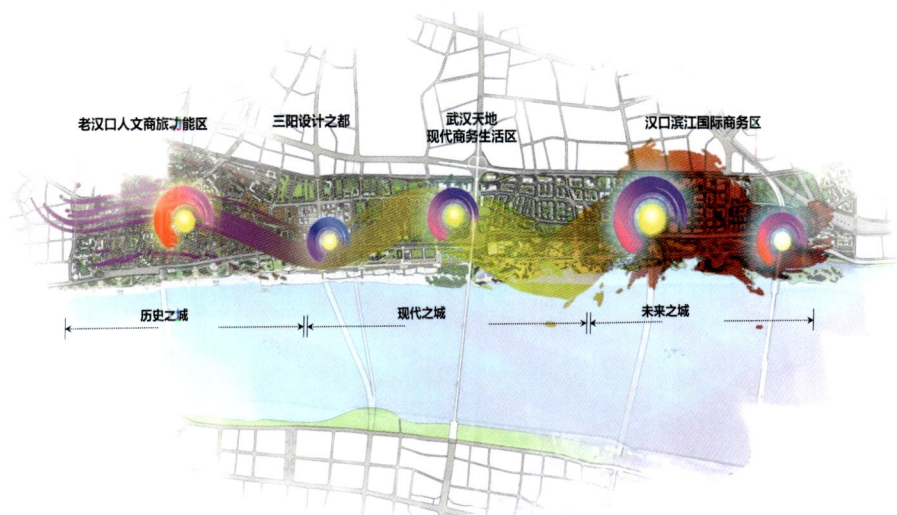

汉口沿江区域示意图
资料来源：武汉市自然资源保护利用中心

"十二五"期间，结合一系列城市发展的大战略，武汉市开始谋划如何将两江四岸密集分布着传统工业和港口码头的滨江地带，通过"退二进三"的方式实现功能置换，以此优化土地结构、完善城市功能、改善城市环境和形象。

2007年，当时拥有106年历史的江岸车辆厂搬离二七片区，为汉口二环至三环间腾出了一块宝贵的滨江土地资源。以此为契机，武汉市开始为拥有深厚历史积淀汉口滨江地带谋划未来。

2011年，中心编制了《汉口沿江区域战略发展框架研究》，全面梳理南起江汉路、北至汉堤路、西至京汉大道及解放大道、东至沿江大道的空间资源，为区域发展绘制发展框架。

在这份发展框架研究中，老汉口"前世今生"在长达8.5公里的滨江岸线，以一场看得见的城市时空之旅，从南向北渐次展开。代表汉口"昨天——今天——未来"的三个功能片区，作为不同城市面貌的代表，在长江的北岸——展现。

发展框架研究提出，在推进江汉路、青岛路、吉庆街等具有历史人文底蕴区域建设的基础上，重点建设珞珈山片区，在保护历史风貌的基础上进行活化利用，引入文化创意、休闲旅游等功能业态，营造活力时尚休闲场所，打造具有深厚历史积淀的老汉口人文商旅功能区，这是代表老汉口过去的"历史之城"。

北进到三阳路片区，依托创意设计产业聚集优势，积极开发高品质商务办公楼，引进国内外一流建筑规划设计机构入驻，打造国际规划总部区，建设"三阳设计之都"功能区，和已建设的武汉天地现代商务生活区共同构筑汉口的"现代之城"。

在武汉长江二桥以北，依托江岸车辆厂搬迁留下的二七区域大片空置的土地，规划建设一个聚集金融、保险等高端现代服务业国际企业总部、地区企业总部，提供国际化高端商业及文化休闲功能的国际总部商务区。这里将是代表汉口在新时代引领武汉进行产业升级、全面提升城市能级的"未来之城"，也是今天汉口滨江国际商务区的雏形。

成为金融、保险等现代服务业总部聚集区，汉口滨江的传统优势得天独厚。早在1910年代，汉口的滨江就拥有外资企业40余家，洋行130余家，外资银行10余家；这片土地也亲历过民族工商业在汉口逐步壮大的历程，随着商贸的迅速发展，汉口形成了包括官方银元局、官钱局、铜币局、新式银行、民间金融机构等的多层次、属于中国人自己的近代金融体系。当时几乎所有的中国银行，都会在汉口开设分行——早在一个世纪前，这片土地上就林立着众多的银行和洋行建筑，把金融、保险等现代服务业的基因和国际化的视野，写在城市的基因里。

汉口滨江国际商务区所在的二七片区曾经以雄厚的工业背景，支撑武汉成为中国最早进入现代化的城市，在地理上保留着老汉口的工业文化基因，在空间上承接着老汉口的金融基因。今天的这块土地，正在经历着一场必然的"再生"——汉口滨江国际商务区的拔地而起，是武汉这座城市高质量发展的必然，更承担着这座城市在新的时代再续辉煌的梦想。

第二章　"全生命周期"赋能新汉口繁荣之路

第1节　新发展阶段下的城市治理新要求

人的聚集和聚居形成了城市。城市是区域经济社会的中心，是历史人文养成的容器，也是人类美好生活的宿地。城市建设必须把让人民宜居安居放在首位，坚持以人民为中心的发展思想，坚持人民城市为人民。

党的十八大以来，以习近平同志为核心的党中央高度重视城市治理工作，提出一系列新要求、新论断，为新时代做好城市管理工作提供了根本遵循。习近平总书记强调，"城市是人民的城市，人民城市为人民。无论是城市规划还是城市建设，无论是新城区建设还是老城区改造，都要坚持以人民为中心，聚焦人民群众的需求，合理安排生产、生活、生态空间，走内涵式、集约型、绿色化的高质量发展路子。""推进国家治理体系和治理能力现代化，必须抓好城市治理体系和治理能力现代化。""一流城市要有一流治理，一定要在科学化、精细化、智能化上下功夫。"

党的二十大报告指出，"加快转变超大特大城市发展方式……打造宜居、韧性、智慧城市"。这是我们党对我国城市未来发展提出的重大要求，体现了当代城市发展和城市治理规律认识的深化，为今后特别是在"十四五"时期推进超大城市治理创新、优化基层治理格局提供了重要依据。

当国家的发展处于从高速转向高质量发展阶段，在新的历史时期，应通过现代化治理创新，打破以蓝图静态管理的方法，推动规划实施，并将现代化城市治理理念融入"规建管治"全周期，推动城市的高质量发展。

在长江之畔，武汉市率先在汉口滨江国际商务区规划实施的十年间，全程坚持全周期管理理念，以高质量发展为目标，以功能实现和品质提升为导向，坚持规划引领和统筹发展，破解城市发展中遇到的问题和矛盾，统筹规划、建设、管理三大环节，探索现代化城市治理的转型之路。

新阶段的新问题

随着国民经济和城市建设的发展，社会各方利益关系和矛盾越来越集中反映在城市空间上，在新的发展阶段形成一系列新的问题。

首先是经济增长动力的逻辑发生了变化。由于经济增长动力从过去要素驱动、投资规模驱动逐渐转向创新驱动，在发展逻辑产生变化的背景下，新阶段的经济增长动力，来自以城市空间为支撑的人才的聚集、不断提升的营商环境、产权保障体系和制度的建立等要素的集成。但是经过20余年的高速发展，城市格局基本稳定，剩余可开发用地零星分散，有限的规模和分散的用地难以满足新阶段城市新功能、新产业规模化发展的需求，城市要在存量空间上生长发育。然而城市土地分布零散，政府难以实现集中成片的建设和城市功能的集中打造；分散的用地和分散的建设，也无法支持城市功能规模化和产业集聚化要求。

其次是空间矛盾制约着城市高品质建设。以高质量发展满足人民日益增长的对美好生活的向往，城市需要为不同人群的不同需求，提供功能丰富、体验多样、环境优质的多元空间。然而在城市高速发展阶段，市场推动下不断攀升的高强度开发以及现代化城市服务吸引下的持续人口聚集，带来了城市服务能力不足、城市服务空间不够、人们对城市功能及品质的需求和现有城市服务之间存在一定的矛盾和差距等问题。而在建设过程中用地和空间产权的逐步固化，以及多元产权主体对城市服务、区域发展的不同诉求，导致面向增量发展时期的工程式的规划思维、均质化的技术手段难以满足存量时期城市发展复杂而多元的规划需求，面向存量资产盘活和多元主体协商的规划理念和技术变革势在必行。

再次是社会转型呼唤共同缔造与文化认同。在新的阶段，城市治理的发展逻辑，面临着从工程化治理到社会化治理的改变。从以前对土地、空间的治理，转向对人和城市建设组织模式的治理。在这个阶段，建立一套让社会良性运行的规则，以适应城市未来的发展，成为现代化城市治理需要面对的一项重要课题。城市作为一个有机的生命体，在发展的过程中会留下其生长的痕迹和成长的记忆，形成独特的城市文化。在高速发展的历史阶段，将城市生长的痕迹拆除重建的发展和建设方式，在不自觉间破坏了因时间累积形成的城市物质遗存和城市肌理，影响了人们对城市的归属感和情感依存。保留城市记忆、留住城市乡愁，也成为新的发展时期城市建设和治理需要面对的新挑战和新要求。

最后是生态文明呼唤人与自然和谐共生的问题。在过去的快速城镇化进程中，城市的自然生态功能也因人口急剧增长而严重退化。党的十八大以来，党中央将生态文明建设纳入中国特色社会主义事业"五位一体"总体布局，将人类与自然和谐共生的"两山理论"贯穿于城市发展理念的始终，坚持绿色低碳发展，对现代化城市治理提出了新的目标和要求。

在国家迈向高质量发展的新阶段，城市治理逻辑如何变化、城市空间矛盾如何解决、城市记忆如何延续、城市生态价值如何实现，这一系列问题是每一个城市都需要面对和思考的课题。

新阶段的新需求

党的二十大的报告提出推进国家治理体系和治理能力现代化。

在我国城镇化率超过60%的今天，城市治理成为推进国家治理体系和治理能力现代化的重要内容。在发展目标和发展模式进入转型期的背景下，城市治理的思路也随之发生着变化。作为城市实现产业和功能聚集的载体，城市空间结构和功能也要对应不同的发展阶段，进行相应的转变。充分挖掘存量空间的潜力，通过空间、产业、功能和环境的优化，提升城市能级，重塑城市价值，以此推进以人为本的城市建设，成为新阶段探索现代化城市治理的新思路。

江滩落日
资料来源：武汉市自然资源保护利用中心

　　将新的城市治理思路，转化为更适用于未来城市发展方向的治理理念、模式和手段，用于统筹城市规划、建设、管理等各阶段各环节，协调生产、生活、生态的三大关系，则需要以新的工作方法、工作机制推动社会关系的重塑，实现城市空间治理和优化的终极目标。

　　在工作方法上，武汉市为破解过去快速发展时期就事论事的碎片化工作方式导致的条块分割问题，强化规划的统筹作用，将各专业、各层级的职能部门进行有效统筹，系统性推进空间治理目标、资源和项目的整合，实现规划的一体化实施。以高质量发展、高品质生活、高效能治理，进一步明确城市空间发展重点，以重点功能区为抓手，支撑武汉市国家中心城市的建设，在中部崛起和长江经济带等国家发展战略中彰显武汉特色，发挥重要作用。

　　在工作机制上，按照习近平总书记的要求，把"全周期管理"理念贯穿城市规划、建设、管理全过程各环节。武汉市在重点功能区的规划实施过程中，通过构建全流程的空间治理闭环，实现规划、建设、管理的有效衔接，建立科学化、系统化、精细化的实施方案，将城市规划的协调和统筹作用发挥到最大程度。通过处理好系统与结构、主体与客体、过程与结果的关系，统筹空间、规模、产业三大结构，实现生产、生活、生态的"三生融合"。

　　在相对明确的功能区空间范围内重塑社会关系，破解过去城市快速发展导致的分散用地产生的"城市冷漠症"，实现城市功能和产业的集聚，塑造区域的品牌和文化形象，推动人们对区域的认同、归属和文化自信。通过共建共治共享，共同缔造共生的家园，形成区域内人群的相互连接、情感共鸣和共同发展，保证一个充满活力的区域有新鲜血液不断流入，形成良性新陈代谢，满足人们对高品质空间的需求。

　　随着社会经济的发展，人们的生活质量逐渐提高，从生存过渡到生活阶段，由衣食住行组成的在地文化和独特的生活体验，构成了人们对一个空间、一座城市的认同和归属感，以及价值、情感和文化的连接。立足安民、富民、乐民，让城市更加宜居、宜业、宜游，这样的城市人文体验，除了基于片区的城市物质空间打造，也依赖于城市的长期运营和现代化城市治理。

第2节　实现全周期管理，探索武汉超大城市治理新路子

习近平总书记2020年在赴武汉考察时明确指出，要着力完善城市治理体系。城市是生命体、有机体，要敬畏城市、善待城市，树立"全周期管理"意识，努力探索超大城市现代化治理新路子。习近平总书记在参加十三届全国人大三次会议湖北代表团审议时指出，要把全生命周期管理理念贯穿城市规划、建设、管理全过程各环节。这为武汉市在新的发展时期探索超大城市治理手段的创新、优化城市治理格局提供了重要依据。

以一流的治理铸就一流的城市，需要各级政府树立全生命周期管理意识，在现代化城市治理涉及的方方面面下足"绣花"功夫，统筹推进城市治理提质增效，塑造具有强大城市竞争力和独特魅力的现代城市，实现"城市是人民的城市，人民城市为人民"的目标。

城市，是国家重要的空间形态，也是一个复杂的巨系统。武汉市自然资源和规划局（原武汉市国土资源和规划局，简称"市规划局"）积极探索超大城市现代化治理的新思路，坚持系统性、整体性、协调性思维，将城市作为生命体，规划管理理念从"城市管理"向"城市治理"转变，从前期规划、中期建设、后期管理等环节探索实现全民性、全时段、全要素、全流程的精细化城市治理。规划管理角色也从过去的城市管理者，变为城市服务商和运营商，在拉长管理限期、探索多元多维治理、拓展管理面等方面进行了各种积极尝试。

武汉全生命周期管理探索

在高质量发展、精细化治理的要求下，市规划局加强提升规划"主动实施"能力，处理好主动与被动、政府与市场、蓝图与行动的关系。管理理念从原来"被动式规划许可"走向"主动推进规划实施"，主动参与城市运营。管理方式从政府部门内部之间的工作协作走向政府与社会、市场之间为解决公众最关心的问题而加强的合作，注重发挥市场和社会力量的辅助功能。规划成果从静态蓝图式"技术性规划"向动态行动式的"实施性规划"转变，更加注重成果的科学性和实施性。

2013年至今，武汉市以汉口滨江国际商务区作为首个重点功能区实施性规划试点，围绕探索全生命周期管理，坚持"整体治理、综合治理、系统治理、智慧治理"的四维治理理念，注重规划建设运营"三位一体"，创新提出统一规划、统一设计、统一储备、统一招商、统一建设、统一运营的"六统

一"重点功能区实施模式。在规划建设、管理运营各环节中凝聚多方力量、集中优势资源，发挥政府、市场、社会等多方力量有序互补的优势，建立多主体参与、运行有效的治理体系，形成规划统筹、多方合作、运转协同的治理机制，保障了商务区主体功能逐一落实，建设品质高度统一，规划蓝图全面实施，推动商务区有机生长和持续治理。

坚持整体治理，通过"统一规划、统一设计"，打破过去零星建设、分散开发的土地碎片化、功能难以集聚、重大项目难以落地的发展壁垒，实现空间整体打造、功能全面升级，建立多条块统筹、多部门协同的协商规划工作模

汉口滨江国际商务区滨江景观效果图
资料来源：武汉市自然资源保护利用中心

式，形成"共商、共建、共治"的精细设计蓝图。在统一规划、统一设计平台上，既要立足当下解决公众眼前最关心的问题，又要以长远眼光，前瞻和预判城市生长过程中可能遇到的问题；既要尊重城市发展的规律进行精准技术研判，又要注重政府社会管理和公共服务职能的发挥，以事前防范、事中控制、事后反思形成城市治理的闭环管理。

坚持综合治理，通过"统一储备、统一招商"，突破过去分散储备、点菜下单的土地储备、供应模式，打破企业用地、社会居民用地边界，合理安排土地整体储备、民生保障，统筹保障土地收储、基础设施开发，合理安排开发时序，实现滚动开发、增资扩产。坚持规划统筹，避免零星开发公益设施保障难、零散建设功能产业聚集难、分散招商优质项目落地难等问题，通过资源资产组合供应为商务区主体功能落实和项目高效实施提供空间保障。

坚持系统治理，通过"统一建设、统一运营"，主动规避反复开挖、反复投入的超长工期和无谓浪费，系统安排施工时序和建设节奏，整体开发地上地下多层空间，大大缩短建设周期、降低建设成本、提高建设品质。建立统一的数字运营平台，进行统一高效的数字化管理。在建设和运营中需要以绣花般的细心、耐心、巧心提高精细化治理水平，"绣"出城市的品质品牌，实现城市的精细化治理。

坚持智慧治理，通过"数字孪生、智慧城市"建设，依托三维仿真平台，将数字模拟技术应用于城市建设全周期，实现从数字化向智能化再向智慧化迈进的城市智慧管理、智慧运营、智慧服务的新阶段。以一体化城市智慧治理平台，服务于城市居民生活的方方面面，让便捷、智能的智慧生活为广大人民群众带来安全感、满意感和幸福感，塑造拥有精心、精细、精致生活的美好城市。

第3节　有机生长的汉口滨江国际商务区

将全生命周期管理理念贯穿在汉口滨江国际商务区核心区的规划实施过程中，武汉市以"六统一"模式，探索一条属于武汉的超大城市现代化城市治理之路。

市规划局副局长周强全程参与汉口滨江国际商务区规划和实施工作。他介绍，商务区的规划和实施充分体现了城市治理精细化的思路，在高标准、高起点模式下，科学规划、精细设计，多项规划逐步细化完善，为规划实施打下了良好基础。2012年采取"本土+国际"的方式组建高水平规划设计团队，完成汉口滨江国际商务区二七核心区概念城市设计；2013年在已完成的概念城市设计基础上完成"统一规划"，开展产业策划、交通组织、地下空间、景观设计等专题研究，吸引有产业优势和开发实力的企业参与城市设计深化工作，形

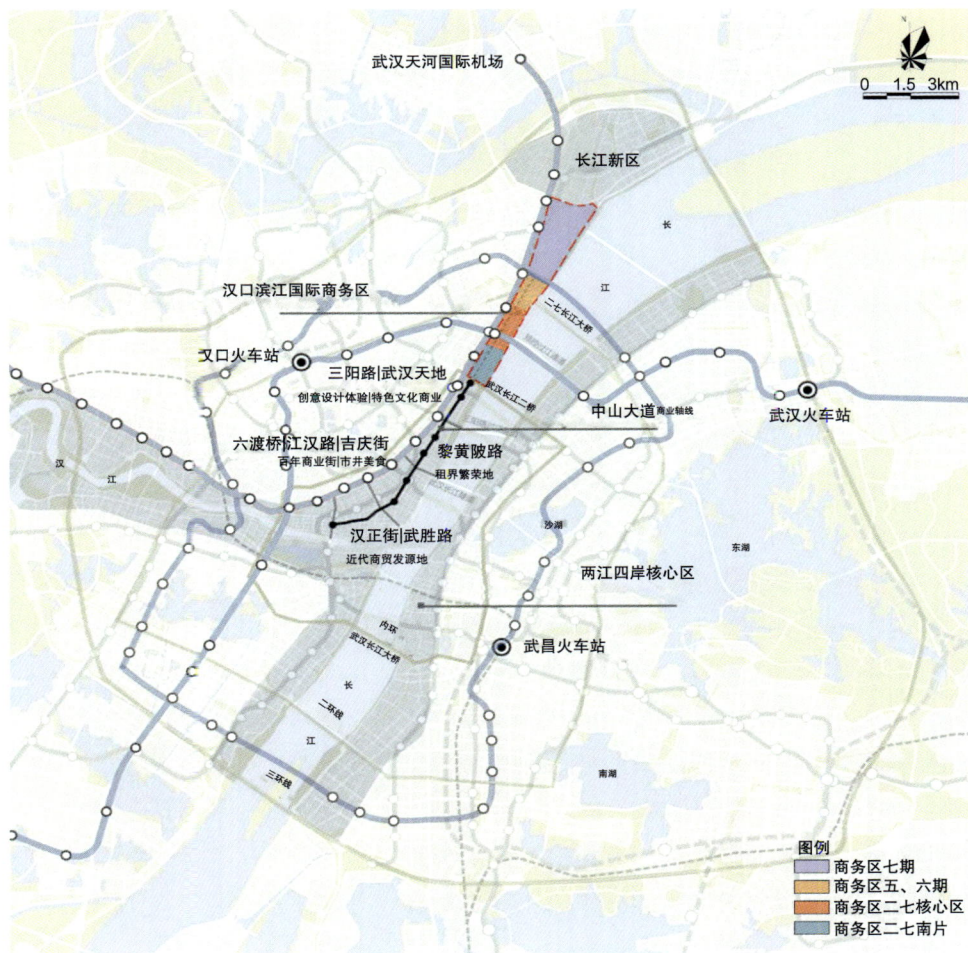

汉口滨江国际商务区区位图
资料来源：武汉市自然资源保护利用中心

成了汉口滨江国际商务区实施性规划。同步完成法定规划，明确规划条件和产业要求，开展招商和土地供应工作；2015年以"统一设计"开展基础设施综合工程设计；同年以实施性规划为引领，通过"统一储备"完成汉口滨江国际商务区二七核心区一至四期83.6公顷的土地整体储备，以"统一招商"引入中信泰富、周大福等金融企业，实现金融总部产业落位；2016年以来，以"统一建设"模式，全面启动核心区的基础设施和公共建筑的建设，建成后还将以智慧

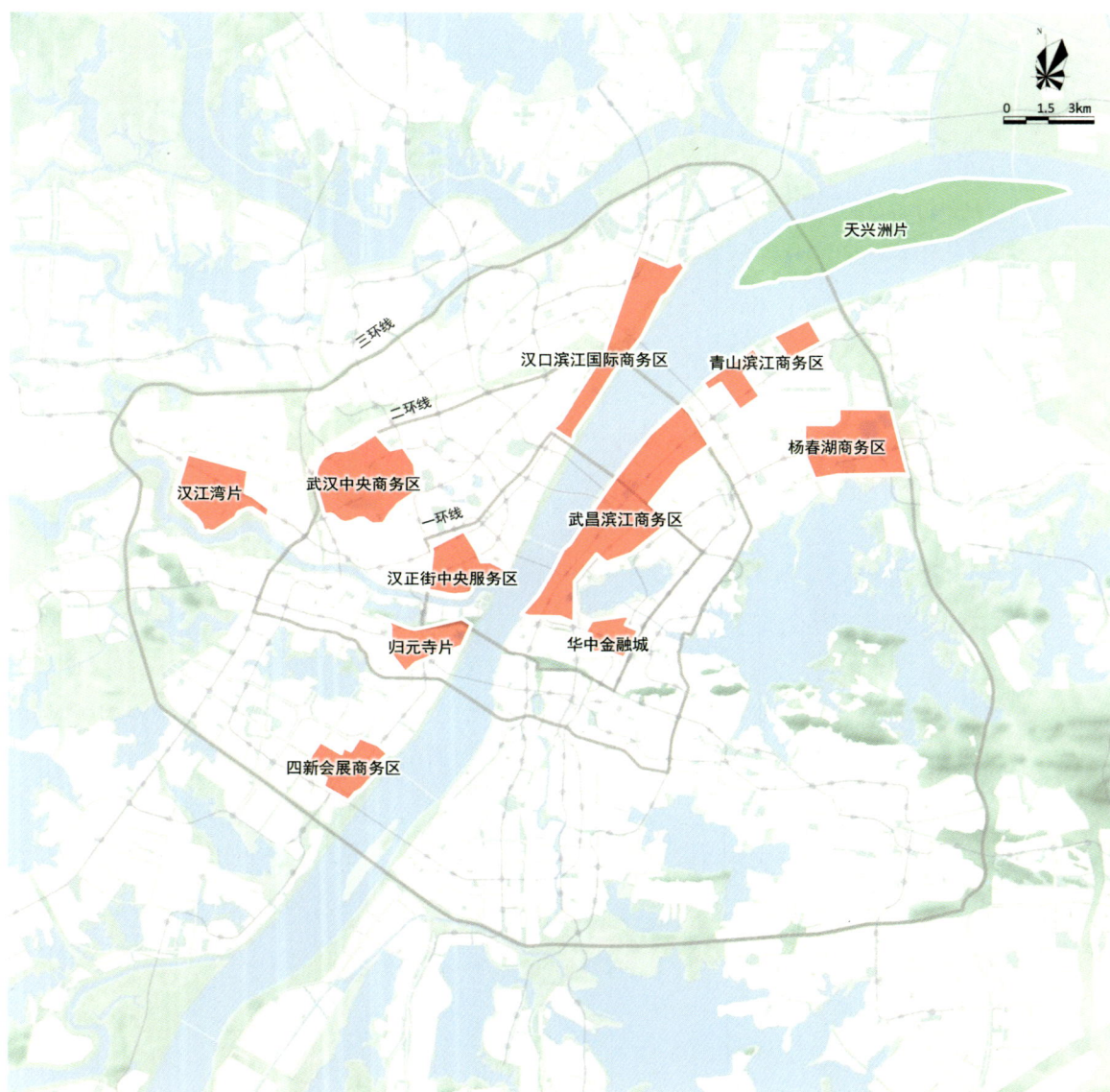

武汉市"7+4"个重点功能区示意图
资料来源：武汉市自然资源保护利用中心

运营平台，对商务区进行整体"统一运营"。

以"六统一"模式为引领的汉口滨江商务区核心区规划的实施迅速推进，规划蓝图正在逐渐变为现实。在长江之畔，一个代表着武汉现代服务业最高水平的国际商务区即将拔地而起。汉口滨江商务区核心区的建设，以良好的招商、建设、运营成效，在区域品质、公众口碑和土地价值上获得了"三赢"的效果。多家国际、国内金融保险企业的入驻，在这里形成了"金融保险+"的产业聚集效应，为武汉沿江现代服务业的发展创造条件，提供可持续发展的动力。

随着汉口滨江国际商务区核心区一至四期建设的稳步推进，商务区进一步往北沿江延伸。商务区五期规划出台后，获得社会广泛关注，优质企业纷纷入驻落户。汉口滨江国际商务区的规划和建设，让二环线不再是城市发展的壁垒，而是汉口沿江北向发展的引擎。随着商务区六期、七期的规划实施，商务区与长江新区起步区连接为一体，在《汉口沿江区域战略发展框架研究》中描绘的汉口过去、现在、未来之城，已然成形。

做强功能、做优品质，是城市建设和发展的重要追求，更是"建好城市为人民"的必然追求。在汉口滨江国际商务区核心区规划实施的过程中，武汉市出台了《市人民政府关于加快推进重点功能区建设的意见》，明确加快推进汉口滨江国际商务区、武昌滨江商务区、青山滨江商务区等7+4个重点功能区建设，以重点功能区建设为抓手，引领城市功能、品质双提升，实现武汉国家中心城市的建设目标，将城市总体规划提出的打造"五个中心"落到具体空间，体现武汉国家中心城市的职能担当。在汉口滨江国际商务区探索出的"六统一"规划实施模式基础上，武昌滨江商务区、杨春湖商务区等市级重点功能区相继启动。各个功能区项目结合自身特点，在"六统一"模式的基础上，对规划的实施模式进一步进行多元的探索，形成了适合自身建设的方式。

2023年以来，在总结重点功能区规划实施经验的基础上，作为《武汉市国土空间总体规划（2021—2035年）》的重要专题，武汉市自然资源保护利用中心编制了《武汉市国土空间功能区体系和用途管制研究》，贯彻全域全要素的规划理念，建立了"总规目标职能—功能空间布局—用途管制规则"的逻辑关系，重点突出功能传导，充分发挥功能区体系在国土空间总体规划和详细规划中的"桥梁"作用，为每个城市片区制定了清晰且可持续的发展路线。

中　篇　：　行　动　与　实　践

行动

第三章　规划兴城：统一规划，统一设计

第1节　整体治理，共谋区域发展

为破解政府工作"碎片化"和公共领域各种难题互相交融、矛盾日益突出导致的治理困境，英国学者佩里·希克斯在1990年代提出以协调、整合、合作的治理机制，跨越组织功能边界，有机协调、整合部门关系和信息系统，从破碎走向整合的整体治理理念。

在传统的城市治理过程中，由于条块分割，往往注重纵向执行而缺乏横向沟通，多元主体对政策目标存在一定的认知差异，管理中的碎片化导致跨领域沟通协调不畅，产生资源浪费、公众产品与服务和公众需求错位的问题。通过整体治理，建立整合、协调机制，对功能、层级、公私部门关系等碎片化治理问题进行协同与整合，为公众提供合作化、无缝隙的整体性服务。在各部门、各行业条块之间，通过横向、纵向充分的沟通和合作，达成有效协调和整合，使彼此的目标连续一致，执行手段相互加强，以此达成共识，实现共同目标。

为了打破以往城市规划和建设受制于空间腾挪局限，导致的零星建设和分散开发局面，同时考虑到城市建设过程中的公共利益，汉口滨江国际商务区在规划和设计阶段，以整体治理的思路，通过空间统筹建立多部门协同、多专业合作的统一规划、统一设计的工作模式，加强规划与设计的合作与整合，实现区域的整体打造和整体治理。

以片区整体开发为思路建设的重点功能区，建设周期动辄十余年甚至数十年，涉及产业（功能）门类与环节较多，基础设施、公共服务、公共建筑等建设体系复杂，具有投资量大、风险难以把控的特征。市规划局以"统一规划，统一设计"为抓手，坚持整体治理，充分发挥规划的统筹性、融合性、传导性特点，推动汉口滨江国际商务区的区域建设从政府主导向多方参与转变，从计划配置资源向空间治理转变，最终实现空间与功能完美衔接，地下地上全面贯通，建设品质高度统一，区域能级与品质双提升。

市规划局于2012年提出了"多规合一"的编制与实施一体化的规划体系，以空间的唯一性协调城市和区域发展、规划中的各种问题和矛盾，合理统筹和分配空间资源，打通各部门、各专业壁垒，以实现城市发展战略目标和企业发展诉求，保障公共利益，为在同一年启动的汉口滨江国际商务区规划编制，提供了工作方向和方式的指导。

第 第 第
1 2 3
节 节 节
整 统 统
体 一 一
治 规 设
理 划 计
， ， ，
共 三 描
谋 位 绘
区 一 精
域 体 细
发 为 化
展 区 设
域 计
赋 蓝
能 图

多方共谋，搭建目标一致的价值平台

重点功能区规划的实施和建设过程，涉及的市区各级政府部门众多，需要协调土地储备机构、市场投资企业和业主之间的种种关系。在规划实施过程中，市区政府发挥主导和引领作用，其他主体也需要协同参与共识搭建和行动过程，逐步形成多元主体的垂直、横向和交叉共治的网络结构。以"统一规划、统一设计"凝聚全社会对城市发展方向的共识，才能够有效促进不同"层级、功能、公私部门之间"的整合，在共同的目标和一致的价值导向下，梳理复杂问题，充分听取各方目标与利益诉求，制定有利于各方价值增长与目标实现的目标体系、价值体系，才能整合碎片化的管理事权，充分调动和利用各方力量，实现资源优化配置和资源有效利用；在一致的目标体系下，提出价值、结构、机制以及策略等方面的系统框架，形成目标与资源、目标与手段相互增强的整体性治理模式，提高治理效率和治理质量。

以多方共谋的方式将各方的诉求和权益体现在规划的编制中，不再采取"规划机构编制，审查部门审批"的传统分割方式，而是将管理部门和权利人的各方需求真正纳入规划编制过程中。中心充分统筹武汉市、江岸区、区域所在街道等各级行政单位的发展要求，以及市规划、园林、城管等不同管理部门的要求，协调好政府、开发主体与公众利益之间的关系，探索多主体共同参与、利益共赢的规划方法。在规划的编制过程中，搭建技术协作平台，通过多方共谋的规划，起到了积极调动政府职能部门和市场积极性的作用，以上下互动、协商沟通的方式，共同描绘区域美好发展愿景的蓝图。多方参与的"统一规划、统一设计"，让社会各界在规划的过程中充分了解和理解区域的发展方向和理念，真正实现编制、管理和实施的互动协同。

多规合一，构建统一的空间治理平台

通过"多规合一"，统筹土地利用和城乡规划、综合交通规划、市政规划、自然生态规划、文物保护规划等与城市和区域发展、保护相关的规划，以统一的空间规划体系整合、优化空间布局，实现各部门信息共享，使城市和区域在统一思路下协同发展。

"多规合一"是提高空间效率、改善空间品质、保障项目落地的重要保障。对于国家、省和超大城市而言，"多规合一"重在总体战略、总体格局下的政府各职能部门之间的协调；对一个区域而言，"多规合一"重在以"一张蓝图干到底"实施过程中，对涉及片区内基础设施、公共空间、公共服务设施、公共建筑等各类专业内容、各职能部门的统筹。

时任市规划局用地规划处处长聂胜利介绍，在汉口滨江国际商务区的规划编制过程中，市规划局按照"设计优品质、管理促品质"的原则，通过"统一规划、统一设计"实现"多规合一"。高度重视规划的引领作用，以高水平规划集成城市功能、产业、生态、人文的各种诉求，促进城市能级提升和经典空间形象塑造。

在"统一规划"中加强专项整合。按照高点定位、高端规划、高位推进、高新突破"四个高"要求，原有的仅围绕土地与空间资源配置的规划内容已不能满足"多规合一"的要求，需要整合多个专项，从"功能产业与空间布局一体化、地上地下空间一体化、交通市政景观一体化"等方面开展专项研究，并在具有唯一性的空间上进行整合，把各项规划统筹到区域空间上来。

在"统一规划"中加强可行性分析。强化市场主体的经济性分析，开门做规划，在"多规合一"编制的基础上，在保障政府总体目标不变、公共利益不减的原则下了解市场主体的需求，结合市场策划、经济分析，合理优化和调整方案。

在"统一设计"中加强全过程分析。加强事前研究、事中统筹、事后监管，明确各阶段、各专项规划和设计需要协调的关键和重点，进行系统性的梳理和统筹。

多业协作，推动专项职能的行动平台

"统一规划、统一设计"实现"多规合一"，要通过多团队、多专业的同空间、同时段协作，才能实现各专项规划管控要素的有效融合。在规划编制前，需要通盘谋划、整理清楚规划的整体思路，才能实现对规划方案的全面把控。规划的编制团队需要对跨行业知识有着丰富的储备，具备综合协调各专业、各条块、各专项规划之间矛盾的处事能力，才能真正形成多业协同的合力。

在多业协作中，各专项规划和设计应发挥专业优势，强化专业化的知识体系和工具体系，形成工作网络。各专业需要结合所涉及专业领域的发展规律和行业趋势，制定具有超前性的规划，为城市和区域的发展预留弹性空间。在多业协作中，尤其要注重跨专业之间横向和纵向专项研究的互相传导和支撑，处理好专业接口的设置问题。在汉口滨江国际商务区建设过程中，规划不再是单一因子的空间管控职能，而是推动勘察、测绘、交通、市政、能源、水利、环保等多专业联动，通过"统一规划、统一设计"促进功能、品质、设施等在空间上的协同。实现"功能产业与空间布局一体化、地上地下空间一体化、交通市政景观一体化"，更好地指导后续建设实施。

城市规划是一个涉及多学科、多领域、多专业，综合性非常强的学科，且关联到社会、经济、人文、历史、环境、工程、信息等多方面内容。在这个越来越强调学科细分与融合的时代，以集成思维整合规划各领域、各学科的专业知识和技术，协同合作、共克难关，共同推进规划的编制和实施，实现规划的终极目标——为城市和生活在城市中的人，创造更美好的生活。

聂胜利处长进一步介绍，汉口滨江国际商务区是武汉市推动"总设计师制度"和"挂牌建筑师制度"的第一个试点，成立了一套"高级智囊团"，实现对设计、建设、管理等提供全程伴随式技术支撑，确保高水平设计实施不走样。

第2节　统一规划，三位一体为区域赋能

2012年，为落实国家中心城市战略职能，武汉市提出以重点功能区为抓手，探索一条规划、管理、实施一体化的工作模式，让城市的规划和建设充分衔接和有机结合，尽可能地保障规划蓝图的不走样。

随着区域内骨干企业江岸车辆厂的搬迁，该区域成为汉口二环内临江一线的一片可供集中开发、整体打造的稀缺滨江土地资源，也是未来展现"新江岸"的集中建设区域。南接长江二桥，北接谌家矶片长江新区起步区，西至解放大道，总用地规模约6平方公里的汉口滨江国际商务区，成为武汉市探索功能区实施模式的首个重点功能区。

江岸车辆厂（1980年代）
资料来源：长江日报-长江网（2021-06-16）

江岸车辆厂（2013年）
资料来源：武汉市自然资源保护利用中心项目组

第 第 第
3 2 1
节 节 节

统 统 整
一 一 体
设 规 治
计 划 理
、 、 、
描 三 共
绘 位 谋
精 一 区
细 体 域
化 为 发
设 区 展
计 域
蓝 赋
图 能

汉口滨江国际商务区区位图
资料来源：武汉市自然资源保护利用中心

　　在6平方公里的汉口滨江国际商务区内，北至宜昌路（原建设渠路）、南至头道街、东至沿江大道、西至解放大道，总用地面积83.6公顷的二七区域被明确为商务区的核心区，成为探索现代化城市治理的试验点。二七核心区规划定位为以聚集国际企业总部和地区企业总部，提供高端商业和文化休闲功能，强调公交主导、适宜步行、低碳可持续的国际总部商务区。

"市区联动"工作机制：多方共谋，凝聚发展共识

　　为实现编制、管理、实施的协同互动，在汉口滨江国际商务区二七核心区规划编制工作的筹备阶段，市规划局联合武汉市江岸区人民政府（简称"江岸区政府"）形成联合工作专班领导小组，建立实施规划协作平台，将多主体的诉求在"统一规划"阶段进行融合，共同谋划区域发展，推进规划编制和实施

工作。联合工作专班成员包括武汉市自然资源和规划局江岸分局、武汉市土地整理储备中心、江岸区城乡统筹发展工作办公室、江岸区建设局、江岸区商务局、所属街道和社区以及规划设计机构等部门和单位组成。其中，市规划行政主管部门主要负责把握区域发展方向，确定总体实施规划方案，对各阶段、各专项的实施性项目方案进行审查，对全过程的规划编制工作进行技术指导，组织相关部门对项目方案进行联合审查；江岸区政府部门主要负责组织实施规划编制，制定实施计划，参与规划编制审查，统筹区域内房屋征收、安置及维稳工作，协调解决实施建设中的相关问题，负责招商引资工作。

一方面，联合工作专班领导小组全程参与汉口滨江国际商务区二七核心区的规划编制，结合规划编制进程召开审查会议，及时把握规划方向，将规划审批流程由通常的"逐级审查报批"方式转变为"并联审查、分级审批"，极大提高了规划方案的编制与审查效率；同时，通过规划方案联审，在方案编制过程中统一思想，形成功能区规划建设共识，为后期规划实施奠定了基础。另一方面，市区工作专班结合规划实施需要，定期组织召开月度联审会议，调度规划实施工作进度，研究制定土地储备及供应方案、征收资金的筹措方案、还建安置方案、基础设施建设计划，明确征收拆迁时序安排、还建安置房源筹集、道路市政基础设施建设时序等实施中的重大事项，通过市区联席会议协商解决实施中的各项问题，在共同决策中形成共同行动。各部门一次性出具审查意见并将意见纳入规划设计条件中，从而实现政府服务的高效便捷。

"本地+国际"工作团队：规划共编，凝结技术合力

伴随对商务区未来发展和建设整体意向的不断明晰，汉口滨江国际商务区二七核心区规划的编制工作也逐步深化和细化。通过政府、企业、市场、公众多方参与，以规划实施为最终目标，2012～2014年先后编制了概念城市设计、专题研究和城市设计深化方案，形成商务区实施规划。为进一步实现基础设施和地上地下空间的精细管控，编制完成修建性详细规划。以不断精细化的实施性规划为抓手，实现规划蓝图不走样、一张蓝图绘到底，保障商务区未来建设品质和精细治理。

立足高水平规划，引领高质量发展，在市规划局的指导下，汉口滨江国际商务区的规划编制工作采用"本地+国际"的方式开展，在寻求具有长远眼光的规划方案的同时兼顾方案的落地实施性。

2012年，中心结合武汉建设国家中心城市的战略需要，立足区域的发展要求，对该片区

二七核心区城市设计总平面图
资料来源：《汉口滨江国际商务区二七核心区城市设计》

二七核心区鸟瞰图（概念城市设计阶段）
资料来源：《汉口滨江国际商务区二七核心区城市设计》

二七核心区鸟瞰图（深化城市设计阶段）
资料来源：《汉口滨江国际商务区二七核心区城市设计》

二七核心区鸟瞰图（修建性详细规划阶段）
资料来源：《汉口滨江国际商务区二七核心区修建性详细规划》

二七核心区鸟瞰图（建筑方案阶段）
资料来源：武汉市自然资源保护利用中心

进行深入细致的前期研究，制定了清晰且可持续的发展线路。

中心陈伟技术总规划师是商务区规划的主要负责人，她介绍，在国际机构进入之前，本地规划团队开展了深入的调研，在多部门参与、征求多方意见的基础上，在规划中统筹各方需求。规划既要体现和落实武汉国家中心城市的重要职能和功能要求，明确功能定位和主导功能构成，对整体建设规模进行预测，提出历史文化、景观及交通配套等规划要求，又要在可控的范围内给国际设计机构留出创作空间。

2012年7月 中心作为技术统筹平台，经过精心筛选，邀请国际知名设计机构SOM建筑设计事务所加盟，绘制了汉口滨江国际商务区二七核心区城市设计概念蓝图。

2013年，为了避免因功能产业、交通市政等各类专项设计体系深度不够、衔接不力问题导致城市设计走样，在2012年绘制的概念城市设计蓝图的基础上，中心联合世邦魏理仕（CBRE）集团公司、艾奕康（AECOM）设计与咨询（深圳）有限公司、日建设计等国际知名设计团队完成商务区二七核心区的商业产品业态策划、交通市政设计、地下空间一体化设计等专项成果，并邀请SOM公司完成了城市设计方案深化工作。

2015年、2020年，结合商务区土地储备进展，中心先后联合美国ASGG建筑设计事务所和法国阿海普（AREP）建筑设计公司完成商务区五、六期和七期的城市设计编制工作。

■ 整体设计

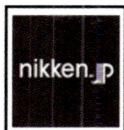

■ 地下空间一体化设计
日建设计是一家从事规划、设计以及监理业务的综合性设计公司，具有世界一流的地下空间设计经验和技术手段。承担汉口滨江国际商务区地下空间一体化设计工作。

■ 交通市政设计
艾奕康（AECOM）是提供专业技术和管理服务的咨询集团，业务涵盖交通运输、基础设施、环境、能源、水务和政府服务等领域。承担汉口滨江国际商务区交通规划设计工作。

■ 产品业态
世邦魏理仕（CBRE）是一家全球知名的综合性商业地产服务和投资公司。承担汉口滨江国际商务区五、六期商业策划工作。

"本地+国际"工作团队
资料来源：《汉口滨江国际商务区二七核心区城市设计》

在"本地+国际"机构组成的联合顶级规划团队中，中心作为总体技术统筹机构，整理并传达市、区、街道各级发展建设要求，统筹政府、企业、市场各方需求，联合多专业、多专项的国际知名机构一起完成各专项设计工作，整合各专项成果，并将设计成果进行法定化转化；同时协助武汉市土地整理储备中心、江岸区商务局进行招商技术支持工作；武汉市规划研究院（WPDI）作为本地机构参与交通市政专项工作，搭建数字三维管控平台；SOM、世邦魏理仕、艾奕康、日建设计等国际设计机构以最新的设计理念、最佳的全球眼光完成各专项规划设计工作，包括进行专业数据分析、提供最优的多种方案比选等。

国内外设计团队通过规划共编、紧密协作，发挥各自优势共同深化城市设计方案，多专项、多专业设计方案进行了有效衔接，为汉口滨江国际商务区规划有效实施奠定了坚实的基础。

2014年7月，为进一步理顺汉口滨江国际商务区基础设施、公共设施、公共空间建设与后续经营性用地开发建设的空间衔接，保障成片开发的整体连贯性和实施性，中心联合中信建筑设计研究总院有限公司，在深化城市设计方案的基础上，编制完成了汉口滨江国际商务区二七核心区修建性详细规划，重点对商务区内各地块相互连接的空间，地上与地下空间一体化、市政交通景观一体化等方面进行整体性的精细化设计。在修规编制过程中，率先搭建了地上地下三维数字管控系统，对地面建筑的功能产业与空间布局、交通组织与道路空间、景观绿化、地下空间与市政管网进行高效融合；实现了地上地下空间的相互校核，以及虚拟实现的直观展示，为后续规划管理、建筑设计与审批、建设实施等提供了"数字一张图"成果，保障了规划的全面落地。汉口滨江国际商务区二七核心区也成为武汉市首个成片开发、集中建设，实现地上地下、多专项"统一规划"的重点功能区项目。

一流设计、一流品质、一流管理

市规划局建筑与城市设计处处长熊向宁介绍，为全力打造武汉首个重点功能区示范引领项目，市规划局在推动汉口滨江国际商务区相关工作时，树立"一流设计、一流品质、一流管理"核心目标，以城市设计为抓手，实现功能产业与空间布局一体化，下足"绣花"功夫，塑造更具国际化封面级景观的特色建筑，让建筑更有可读性；建设更具人性化和历史感的精致化街道，让街道更有体验感；扮靓更具质感魅力的艺术化空间，让空间更加高颜值；打造具有新意、惬意、诗意的城市气质，促进城市重点功能区高质量发展。

通过"统一规划"的汉口滨江国际商务区二七核心区，一条立体Y形绿轴有机联系两个轨道站点和江滩公园；占地5.4公顷的中央文化公园，包含户外剧场、地下停车、商业配套等多种功能；环绕着中央公园，建设了标志性塔楼、立体音乐厅、空中树桥，构筑世界最美滨江风景；在规划中，沿保留铁路沿线集中布置林祥谦纪念广场、铁路博物馆、艺术创意中心、户外剧场、音乐厅、SOHO艺术画廊等文化设施，打造"工人之路"文化长廊，丰富区域的文化内涵。

规划在汉口滨江国际商务区二七核心区拟建20个主题项目，包括环中央公园的总部中心塔楼等引领项目，树桥、中央公园、音乐厅、"工人之路"等特色项目，总部商务办公楼群等重要项目。

汉口滨江国际商务区以功能产业与空间布局一体化，保障规划经济可行和项目落地；以地上地下一体化，打造整体宜居宜业的高品质空间；以交通市政景观一体化，建设绿色韧性城市。三个一体化使汉口滨江国际商务区实现了产业功能、空间布局、交通组织、人文景观、地下空间和市政管网的高效融合。以规划为笔，以实施为途，一个出现在汉口的滨江既能引领城市产业和功能转型，又拥有步行友好、低碳生态城市空间的国际商务区，就此成为可能。

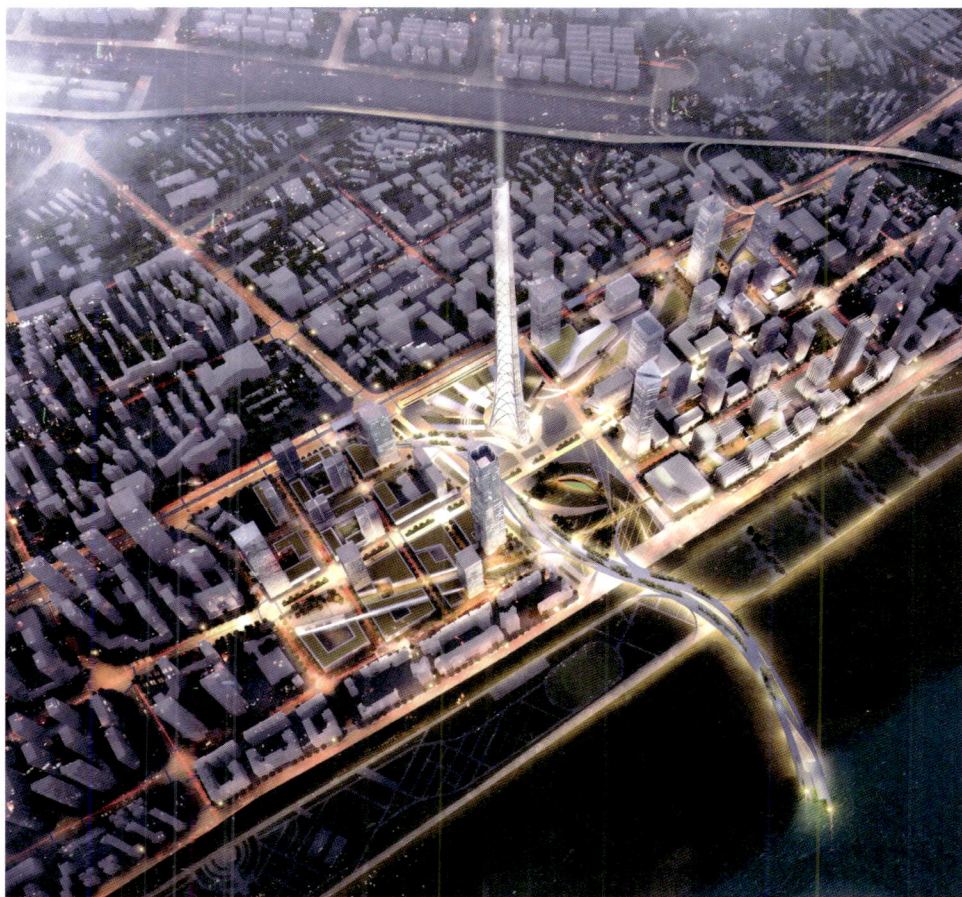

二七核心区城市设计鸟瞰图
资料来源：《汉口滨江国际商务区二七核心区城市设计》

043

功能产业与空间布局一体化，保障规划经济可行和项目落地

（1）产城一体，保证功能落位

从伦敦的金丝雀码头、巴黎的拉德芳斯，到黄浦江边的上海陆家嘴、海河之畔的天津滨海新区，以城市空间为载体重塑城市功能，通过谋划功能产业和空间布局的结合，打造现代服务业聚集、充满商业活力的区域已经成为全球各大城市在探索城市更新的方向和方式时的共识。当"老汉口"的复兴梦想在长江之畔不断升腾，作为这座城市数百年发展轴线上时间和空间的交汇点，汉口滨江国际商务区的未来，不仅肩负武汉建设国家中心城市的"新江岸"商务核心的使命，而且是延续城市文化历史遗存、容纳生态宜居现代都市生活的空间。

在对汉口滨江国际商务区二七核心区开展深化设计的过程中，世邦魏理仕公司以武汉市各类业态市场调研为基础，从三个层面对二七核心区开展了业态策划研究。一是将主导功能定位分解为具有关联和促进效应的业态体系，并确定各类业态的构成比例，以优化规划方案中各类功能建筑的规模构成。为提高市场可接受度，研究过程中多次邀请潜在业主参与规划讨论，从开发运营角度提出优化意见。二是根据每种业态的客户群体、经营形式提出其适宜的开发规模、开发层级，在规划方案的平面及地上地下进行具体落位，明确其空间载体的标准层平面和开发单元规模，对其进行校核并进一步优化规划方案。三是结合近年不同业态土地出让和经营情况，进行土地收益和运营收益的近、中、远期测算，考核市场的接受程度。在市场可接受的基础上，将研究成果整合为针对性强的招商目录，并制定相应的招商激励政策和管理政策。

始于产业谋划的汉口滨江国际商务区二七核心区，在城市功能上，聚集着金融和企业总部，将引领武汉的现代服务业转型；在空间布局上，以组团形式将商业商务、城市绿地、文化休闲、居住生活等功能有机组合，保证了商务区开敞、立体、高效的需要；在视觉上，错落有致的城市天际线和武汉大开大合的城市气质相呼应，串联起整个核心区交通组织的Y形树桥，蜿蜒恰似江城的灵动和秀丽。

在核心区83.6公顷的土地上，地上总建筑面积约为250万平方米，包括商务办公、星级酒店、商业零售、SOHO、文化等业态，商住建筑规模比约为7：3。其中国际标准甲级办公、总部办公、创意办公等办公比例约51%，服务于核心区的商业配套占比约16%，酒店规划约4%。

规划将主导功能分解为具有关联和促进效应的业态体系，进行了商业、写字楼、酒店、SOHO等物业的总量预测、规模配比、空间落位，大型购物中心沿解放大道沿线布置，餐饮、酒吧等沿中山大道布置，艺术体验等沿工人之路布置；标准甲级写字楼、国际精品酒店围绕中央公园簇群布置，创意办公和SOHO布置在临江一线区域。商业策划的过程中增加了招商互

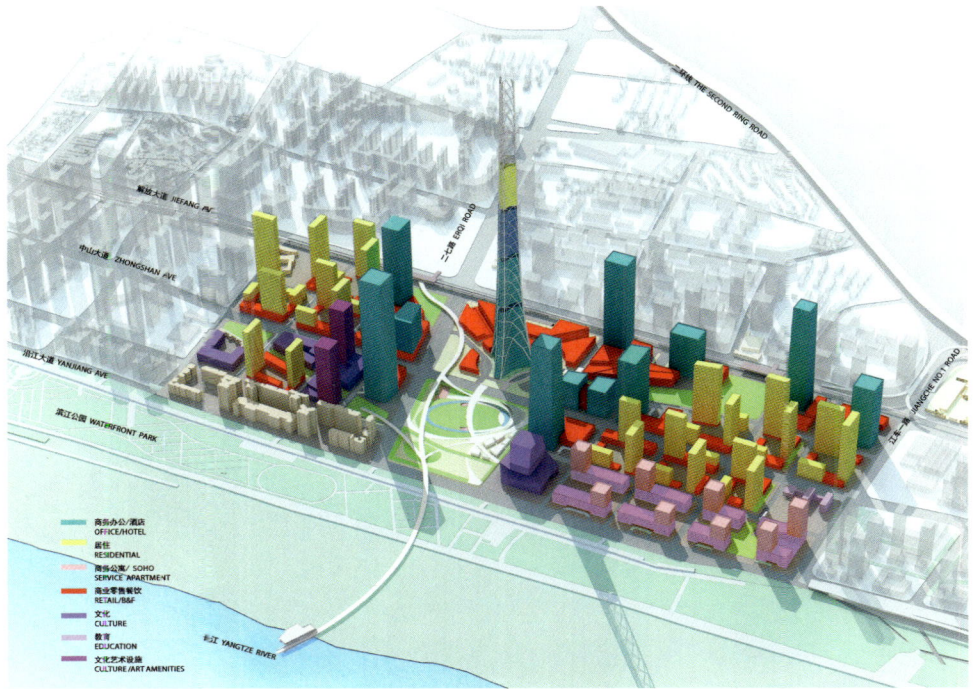

二七核心区功能业态示意图
资料来源：《汉口滨江国际商务区城市设计》

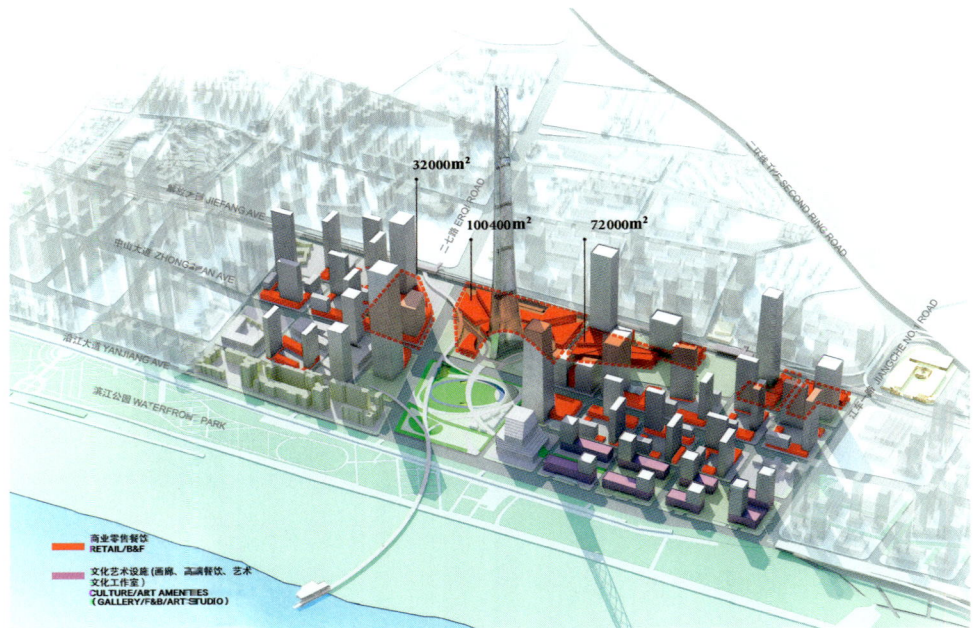

二七核心区商业地块建筑功能布置——零售
资料来源：《汉口滨江国际商务区城市设计》

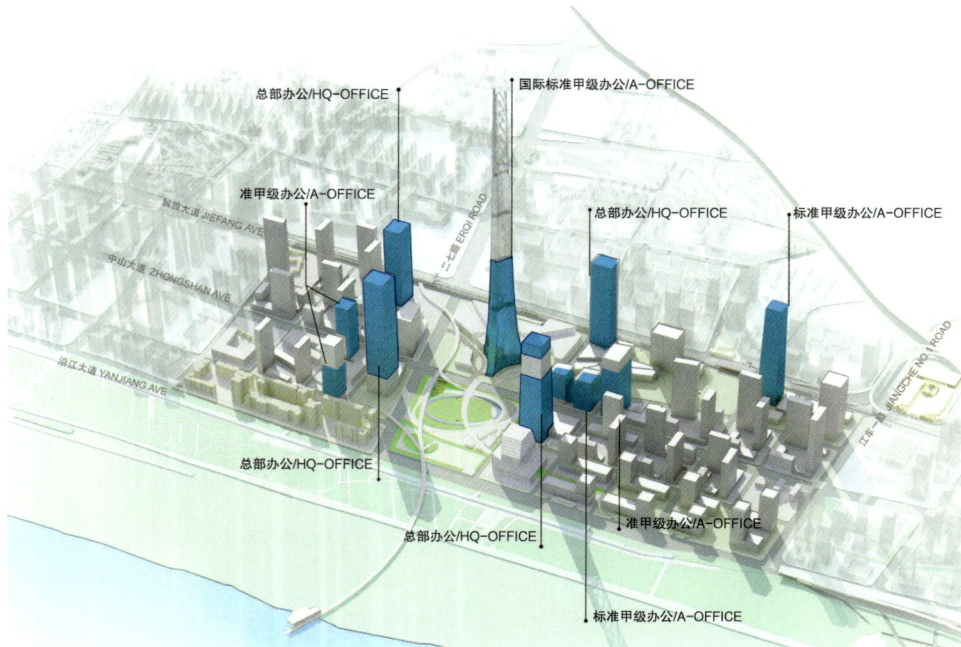

二七核心区商业地块建筑功能布置——办公
资料来源：《汉口滨江国际商务区城市设计》

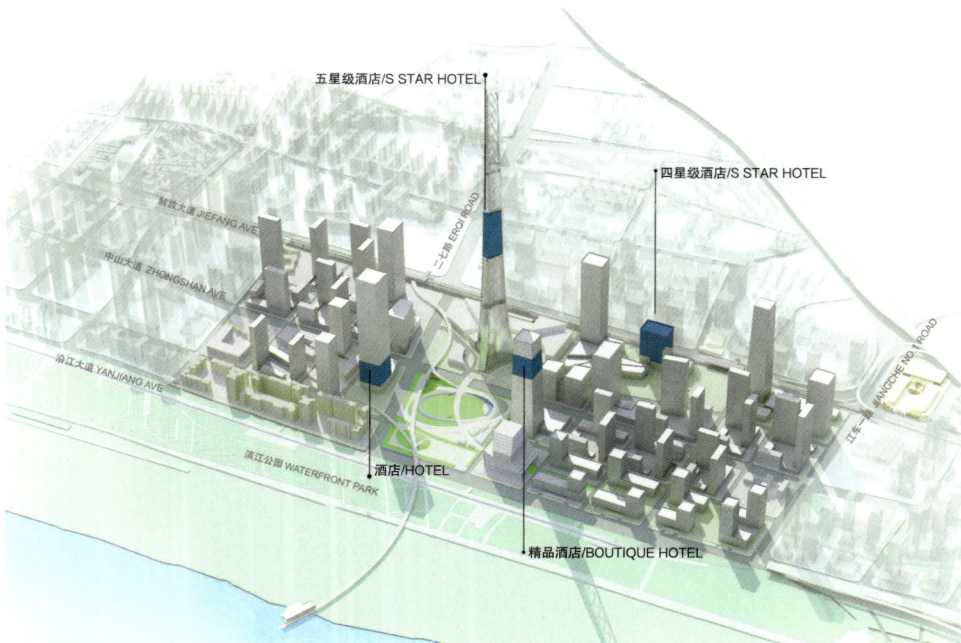

二七核心区商业地块建筑功能布置——酒店
资料来源：《汉口滨江国际商务区城市设计》

第 第 第
3 2 1
节 节 节
统 统 整
一 一 体
规 设 治
划 计 理
︑ ︑ ︑
三 描 共
位 绘 谋
一 精 区
体 细 域
为 化 发
区 设 展
域 计
赋 蓝
能 图

动环节，对接市场需求，优化规划布局、方案设计，切实保障规划经济可行和项目落地。

串联着江滩公园、中央公园、城市公园绿轴的Y形树桥，在未来会成为武汉两江四岸又一个地标性景观。在树桥上行走，体验步移景异的同时，人们可以随着树桥上设置的不同接口，在地铁站、商务楼宇、商业广场、文化场所和生态景观等空间中畅行无阻。

功能混合被认为是方便人们工作生活、提高空间利用率、增强城市活力、促进城市可持续发展的规划原则。通过Y形树桥的空间组织，用地布局不再局限于一个平面，不同空间功能通过树桥的组织无缝衔接。尤其是核心区一、二层的空间，随着树桥的上下起伏有机联动起来，和地下商业空间一起，在最具价值和活力的商业界面创造性地实现了立体的"三首层"概念，以超大的空间利用率，全天24小时不间断地展现出这个区域的蓬勃生机。

以现代服务业为产业之核，以高端商业为活力之源，以人文自然为生态之本，以便捷宜居为生活之根，这是一场长江之畔的汉口在回望和展望中与自己的对话：城市璀璨的历史将在这里续写，城市未来的华章就这里启幕。

（2）工人之路，留驻城市文化基因

一座城市如何区别于另一座城市？同一座城市不同的区域，又如何区别于彼此？这些问题的答案，我们往往要转身回到城市历史的纵深中找寻。

有人说，记忆是城市的灵魂，没有记忆的城市如同旷野荒漠。大江之畔的"二七"，京汉铁路的轰隆，在20世纪初叶，就将铁路文化植入它的骨血；"二七大罢工"的汽笛在这里拉响，为城市留下了一片英雄的红色热土；作为"共和国之子"重要的工业基地之一，这里也扛起过中兴国家的担当。

历史的见证，必须依靠一些历史的遗存。在汉口的滨江，拥有百年历史的京汉铁路汉口江岸火车站曾是京汉铁路大罢工总指挥部；工人领袖林祥谦烈士全身雕像至今保留完好；曾经的老铁路、老厂房、转车盘铭刻着在过去的岁月里，一座工业重镇的荣光。

人们常说，我们怎么对待历史，决定了我们将拥有怎样的未来。如何让城市的历史遗存，通过保护、保留和空间的重组，在全新的重点功能区重新焕发生命力，留下属于区域的文化基因？这是城市规划的责任，更是城市规划的使命。面对不可再生的城市历史文化资源，《汉口滨江国际商务区二七核心区城市设计》中提出，要以现代文化景观的表现形式解读区域的历史脉络，通过保护性手段，打造地域的文化特质。

将历史基因融入商务区的现代气质，通过整合一系列与铁路文化、"二七大罢工"相关的历史遗存和保护建筑等元素，一条名为"工人之路"的林荫

林祥谦烈士塑像
资料来源：武汉市自然资源保护利用中心

转车盘
资料来源：武汉市自然资源保护利用中心

老铁路
资料来源：武汉市自然资源保护利用中心

江岸火车站
资料来源：武汉市自然资源保护利用中心

大道，以U形设计贯穿汉口滨江国际商务区二七核心区。与中山大道、沿江大道平行的这条"二七记忆之路"，沿现状保留的铁路，集中布局了林祥谦纪念广场、铁路博物馆、艺术创意中心、二七户外剧场、音乐厅、SOHO艺术画廊等文化设施。

在"工人之路"建成后，林祥谦烈士塑像将从林祥谦小学搬迁至老火车站前的林祥谦纪念广场，与林祥谦就义处整合进行景观设计；携带蒸汽时代铁路基因的老转车盘，作为武汉铁路史独一无二遗存，将搬至"工人之路"的北端，形成纪念性景观。当我们再度回到历史的现场，历史的点滴镶嵌在现代的商务区经过景观改造的老铁轨上。

那些清晰可辨的场所和场景，既延续着城市的灵魂，又不断和时尚生活碰撞；它们用无声的诉说，告诉我们城市的来路和未来的去向。

二七核心区"工人之路"
资料来源：《汉口滨江国际商务区城市设计》

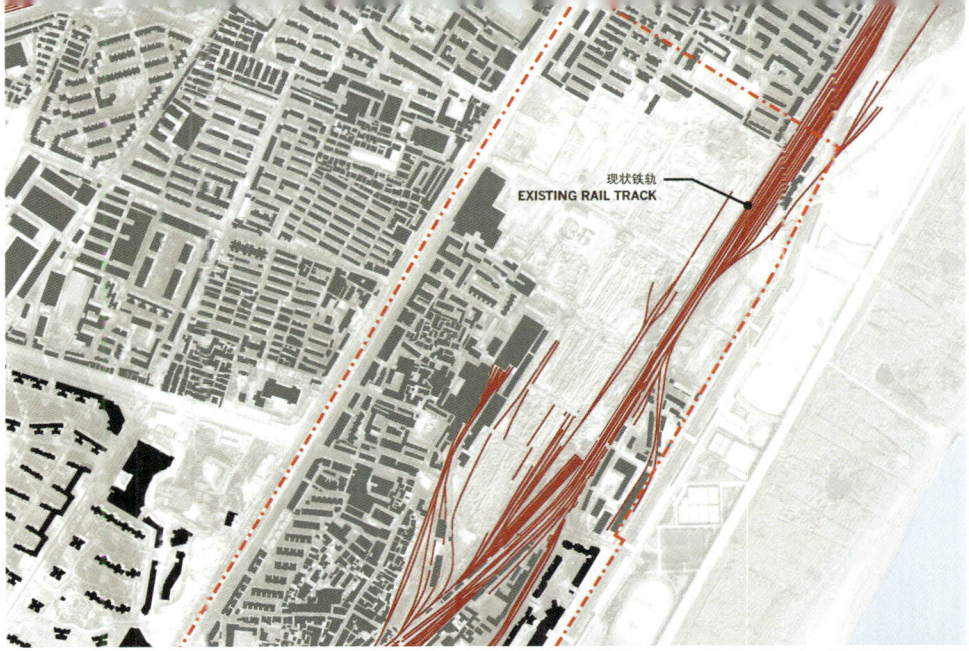

现状铁轨
EXISTING RAIL TRACK

二七核心区"工人之路"现状铁轨
资料来源：武汉市自然资源保护利用中心

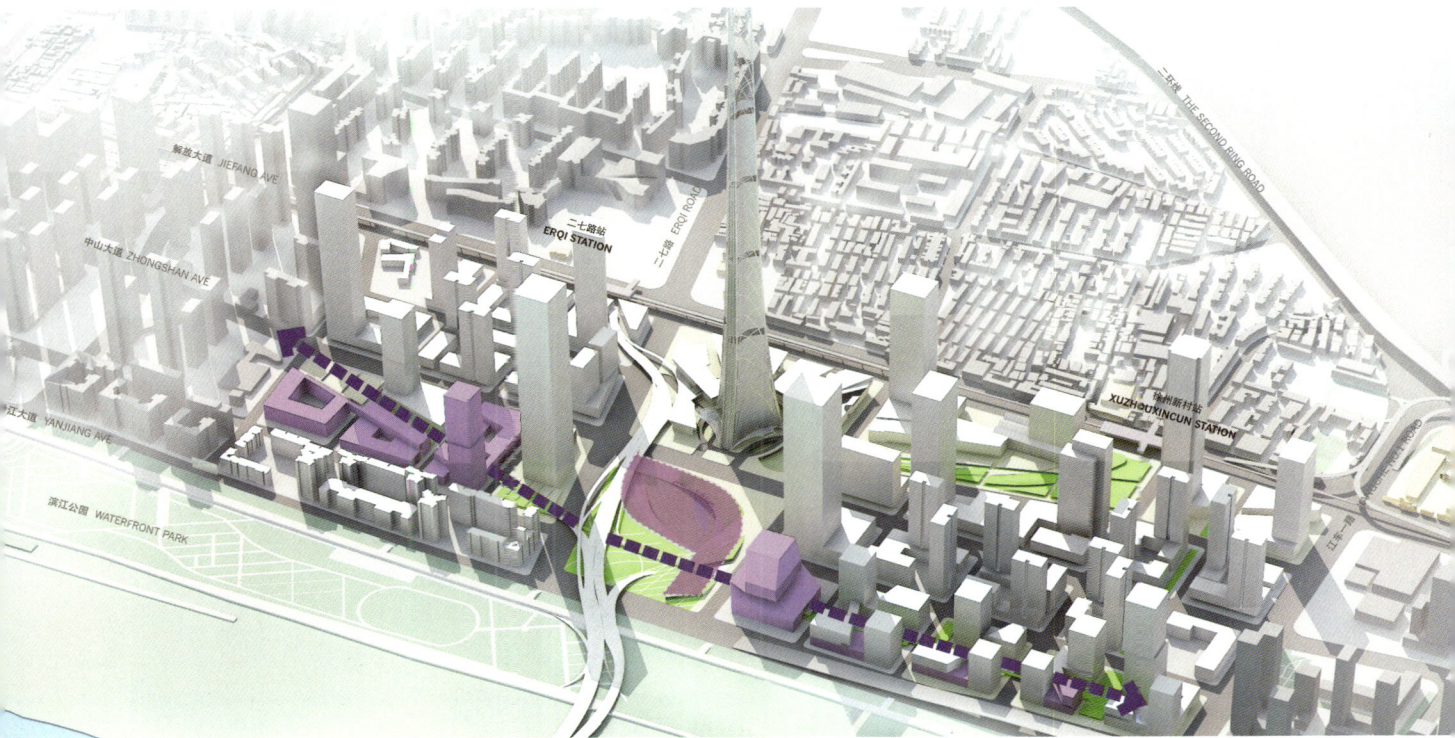

二七核心区"工人之路"业态示意图
资料来源：《汉口滨工国际商务区城市设计》

二七核心区广场景观设计
资料来源：《汉口滨江国际商务区城市设计》

（3）Y形树桥，自然和繁华移步易景

TOD（以公共交通为导向的开发）理论的创始人彼得·卡尔索普说，如果我们的城市越来越按照以小汽车为中心的方法去建造，人们就会远离步行，而步行恰恰是让城市变得生动的一个核心要素。有研究表明，一个适宜步行的区域，其价值和活力远远超过只能通行车辆的区域。"步行友好"让城市的公共空间变得可观察、可感知、可停驻、可亲近，是城市的规划者对人的细腻感受的人文关怀，也是实现低碳可持续城市发展目标的必然选择。

以"步行友好"理念组织汉口滨江国际商务区二七核心区的公共空间框架，创造人与自然的直接对话，将商务功能和商业空间无缝衔接。一条飞架在商务区空中形成景观连廊的Y形树桥，为实现这一切创造了可能。

高架连廊是城市解决人车分流、慢行交通问题的方案，例如"天桥之城"香港利用空中连廊接驳各种生活空间，极大方便了城市的联系；纽约利用废弃铁路改建成高线公园，串起多个城市标志性景观和艺术机构……以高架连廊的方式让城市景观呈现多样性。区别于香港和纽约对高架连廊的使用，汉口滨江的Y形树桥，既组织了城市公共空间的交流，也为城市带来了一

二七核心区树桥
资料来源：《汉口滨江国际商务区城市设计》

在树桥上看地标建筑
资料来源：《汉口滨江国际商务区城市设计》

个可以观看和被观看的景观地标。

在交通和公共空间的组织方面，跨越汉口滨江国际商务区二七核心区空中Y形树桥，延伸3600余米，将解放大道、中山大道和沿江大道三条城市主干道串联成步行通达的空间。在这个连续不被打扰的步行空间里，轻轨1号线、地铁10号线、总部商务区六组写字楼、地面一二层和地下一层的商业界面、中央公园和汉口江滩等公共空间被延伸到长江中的树桥一一串联。

随着Y形高低起伏和桥面设计对视线的引导，在桥上观赏到的城市和长江，呈现出四季分明的样貌；中山大道人来人往，商务楼宇忙而有序……自然的沉静和都市的律动，都由树桥串联在一起。树桥桥面的不同节点展示着绘画和雕塑作品，丰富着树桥路面景观，也展现着多元的城市文化。

不妨想象一下未来发生在汉口滨江国际商务区的日常。一位在核心区写字楼里上班的白领，早上通过轻轨1号线到达二七路站，沿着和架高的轻轨1号线无缝对接的树桥，在空中步行跨过中山大道，进入写字楼开始一天的工作；午休时间从高层写字楼来到树桥后，可以随意在地面二层、地面一层和地下负一层的商业体里享用一顿美好的午餐。被总部商务区高楼环伺的中央公园绿荫葱葱，远处的江滩公园开阔宜人。这些场所都因为树桥的无缝衔接，成为工作繁忙的都市白领亲近自然环境、放松身心的好去处。

汉口滨江国际商务区的周末更是热闹，"工人之路"、音乐厅和中央公园的小剧场，每周都有音乐会和艺术活动。乘坐地铁10号线从武昌到达汉口滨江，

二七核心区中央公园
资料来源：《汉口滨江国际商务区城市设计》

商业节点
COMMERCIAL NODES

文化节点
CULTURAL NODES

活动节点
ACTIVITY NODES

生态节点
NATURAL NODES

交通节点
TRANSPORTATION NODES

0　100　200m

地铁站
METRO STOP

儿童活动场
CHILDREN'S PARK

商业广场（负一层入口）
RETAIL PLAZA
ENTRANCE TO B-1 SHOPS

美食广场
FOOD COURT

室外就餐
OUTDOOR CAFES

花卉 城市农业示范园
DEMONSTRATION GARDEN

商业中心
RETAIL CENTER

室外就餐
OUTDOOR CAFES

多功能绿园活动场
MULTI-PURPOSE FIELD

商业广场（负一层入口）
RETAIL PLAZA
ENTRANCE TO
B-1 SHOPS

音乐厅
MUSEUM

自行车径
BIKE TRAIL

商业中心
RETAIL CENTER

商业中心
RETAIL CENTER

露天剧场
AMPHITHEATER

文化活动广场
CULTURAL ACTIVITIES
PLAZAS

运动场地
SPORTS FIELDS

音乐喷泉
MUSIC
FOUNTAIN

露天剧场
AMPHITHEATER

广场亭
RETAIL PAVILIONS

眺望天际线
SKYLINE OVERLOOK

荷塘种植
LOTUS FARM

门户公园
GATEWAY PARK

滨水广场
WATERFRONT PLAZA

商业中心
RETAIL CENTER

街市
FLEA MARKET

雕塑园
SCULPTURE
GARDEN

运动场地
SPORTS FIELDS

地铁站
METRO STOP

商业中心
RETAIL
CENTER

纪念园/户外餐饮
OUTDOOR MEMORIAL
CORRIDOR

湿地
WETLAND
TRAIL

观鸟
BIRD WATCHING

轮渡码头
FERRY
TERMINAL

室外就餐
OUTDOOR CAFES

艺术中心
ART SCHOOL

艺术画廊
ART GALLERIES

运动中心
SPORTS COMPLEX

眺望台
LOOKOUT

室外就餐
OUTDOOR CAFES

纪念园/户外餐饮
OUTDOOR MEMORIAL
GARDEN

现有运动场地
EXISTING SPORTS COMPLEX

二七核心区树桥布局示意图
资料来源：《汉口滨江国际商务区城市设计》

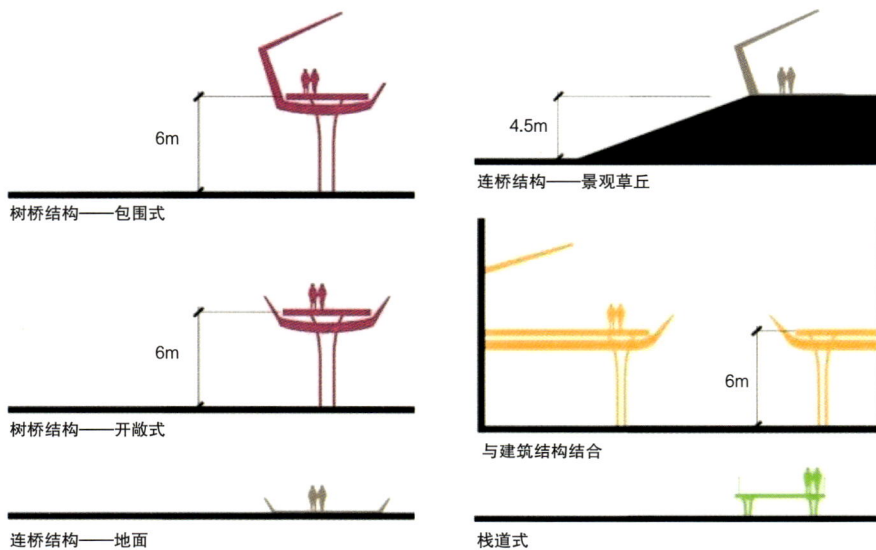

6m

树桥结构——包围式

6m

树桥结构——开敞式

连桥结构——地面

4.5m

连桥结构——景观草丘

6m

与建筑结构结合

栈道式

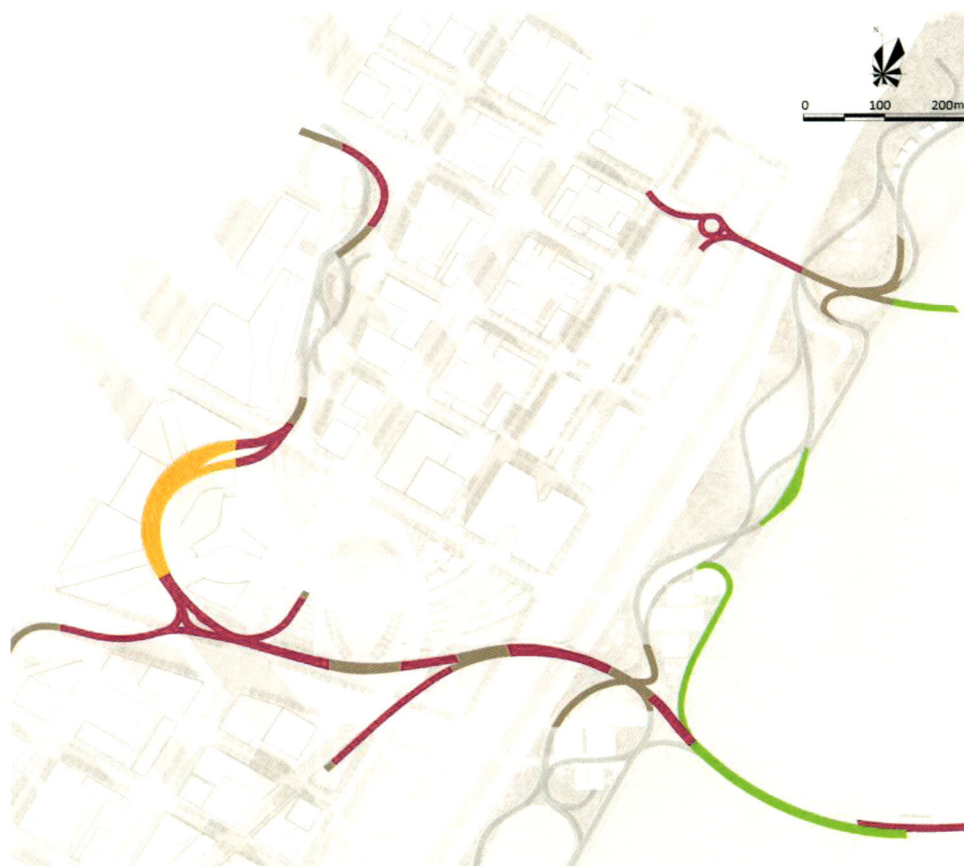

二七核心区树桥设计意向一
资料来源：《汉口滨江国际商务区城市设计》

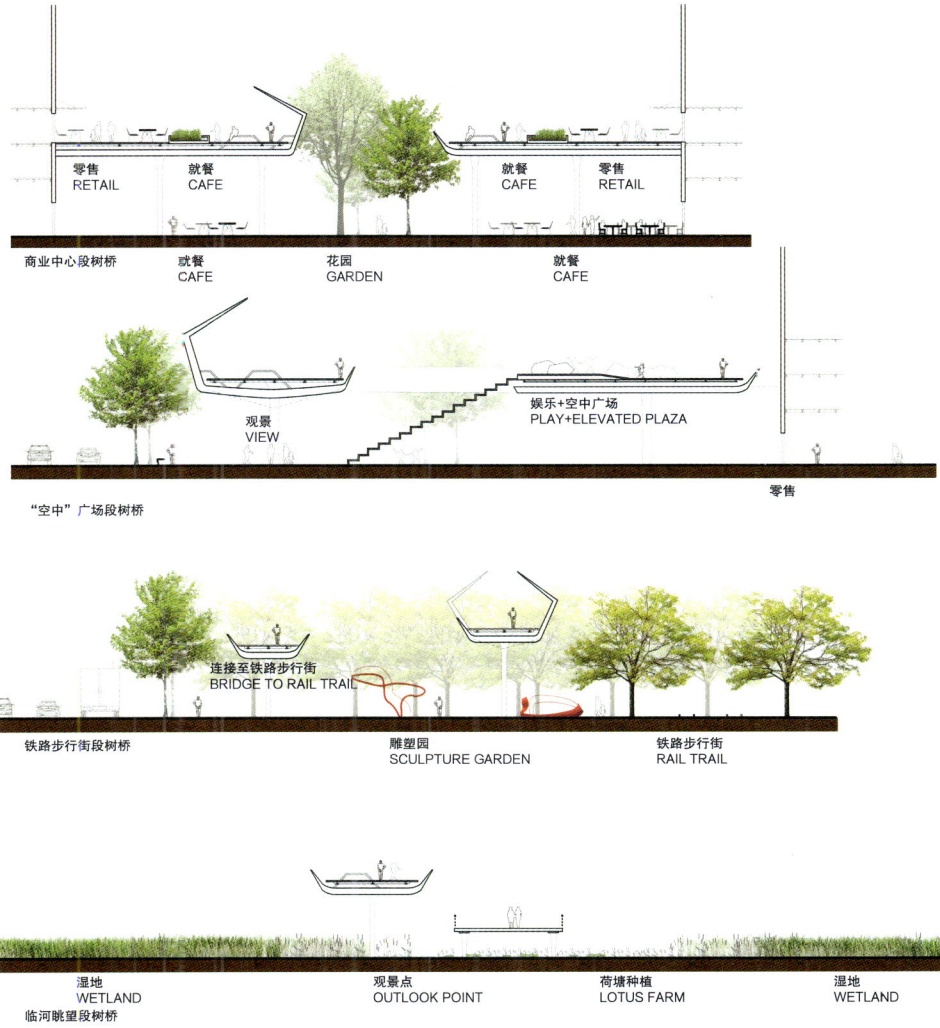

零售 RETAIL　就餐 CAFE　　就餐 CAFE　零售 RETAIL

商业中心段树桥　就餐 CAFE　　花园 GARDEN　　就餐 CAFE

观景 VIEW　　娱乐+空中广场 PLAY+ELEVATED PLAZA

"空中"广场段树桥　　　　　　　　　　　　　零售

连接至铁路步行街 BRIDGE TO RAIL TRAIL

铁路步行街段树桥　　雕塑园 SCULPTURE GARDEN　　铁路步行街 RAIL TRAIL

湿地 WETLAND　　观景点 OUTLOOK POINT　荷塘种植 LOTUS FARM　湿地 WETLAND
临河眺望段树桥

二七核心区树桥设计意向二
资料来源:《汉口滨江国际商务区城市设计》

二七核心区周末生活
资料来源:《汉口滨江国际商务区城市设计》

二七核心区中央公园户外剧场
资料来源：《汉口滨江国际商务区城市设计》

通过垂直交通来到树桥，正好赶上中央公园主舞台的表演时间。树桥和中央公园抬高的地形，形成了最适合观看表演的错落舞台。商务区和中央公园有大量的地下商业空间；地面中山大道"小街坊"式密路网集中了各种各样的商铺；商务楼宇间也有内容丰富的空中商业空间——地下、地面、空中的商业布局，因为树桥的串联，实现了"三首层"任意通达的商业界面。晚饭后吹着江风，步行到树桥深入江中的栈板小路上，游荡在老汉口码头的旧日轮渡记忆，又回到了生活中。树桥的尽头有两江游览的码头，坐上轮船看两岸灯火璀璨，一幅武汉百年发展和变迁的图景——关于武汉的过去、现在、未来，就这么随着汉口滨江各个年代、各种风格的建筑逐一出现在眼前，变得具体形象起来。

二七核心区-解放大道景观示意图
资料来源：《汉口滨江国际商务区二七核心区修建性详细规划》

武汉两江四岸核心区鸟瞰图
资料来源：《武汉两江四岸城市设计》

（4）滨江天际线：未来城市新封面

只有滨江的城市才拥有一种独特的画卷，能从江的对岸观看和感受城市。

从长江望向这幅从南往北展开、融合古今的汉口城市画轴，百年前临江的古典地标建筑群在宽阔的江面映衬下更显庄严持重，这些曾经的汉口天际线，见证着城市在近现代史上的辉煌

周大福建筑设计方案示意图
资料来源：武汉市自然资源和规划局

岁月，是武汉的城市文化名片；往北的三阳设计之都，建筑景观现代摩登，显示着一座大城开阔疏朗的气质。

在江面环顾今天武汉的两江四岸，汉口滨江国际商务区、汉正街中央服务区和武昌滨江商务区，这三个在未来将引领武汉实现产业转型的重点功能区，其超高层建筑簇群代表了武汉新的高度，在城市的上空相互辉映。

在天与地之间，由标志性建筑组合排列成城市轮廓的剪影，这样的城市天际线往往是人们对一座城市最初的印象。而以高层建筑组成的现代都市天际线，从诞生的那一天起，就代表着城市锐意进取的奋进精神和迈向未来的勃勃雄心。

　　市规划局建筑与城市设计处处长熊向宁介绍，汉口滨江国际商务区严格把关每一栋建筑的设计方案，通过多机构征集、多方案比选，在商务区整体气质统一、建筑组群整体协调的基础上，追求单体建筑的特色化塑造，打造了一批具有城市特色的封面级高颜值景观。

　　作为汉口北向崛起的支撑点，建筑高度达到475米的周大福金融中心，以打造"长江火炬，世纪灯塔"为设计理念，成为武汉打造国际化城市的又一张城市名片。以世界级水准设计的甲级写字楼、五星级酒店和高端住宅，就容纳在周大福金融中心这座汉口江畔制高点里。泰康人寿总部大厦设计由世界著名建造师扎哈·哈迪德担纲，建筑塔楼犹如三朵"花瓣"拥抱环绕，围绕其中约200米高的共享中庭形成一个社区式的内部城市空间。

滨江天际线
资料来源：《汉口滨江国际商务区二七核心区修建性详细规划》

在周大福金融中心和中央公园的周边，紧紧簇拥着建筑高度在200～300米的中信泰富滨江金融城、泰康人寿总部大厦、国华金融中心等超高层建筑；汉口滨江匡际商务区的其他商务建筑在周边依次布局，建筑高度控制在100～200米；为了提高临江一线的开敞度，将江景的视线最大化，离长江最近的创意办公区和SOHO区建筑高度控制在60～100米。

从空中俯瞰，建筑以60～100米、100～200米、200～300米、475米4个高度，从临江到城市腹地的街道不断推进，以簇群式的城市建筑群落，形成错落有致、恢宏大气的城市天际线。

站在新的制高点，与城市的过往进行一场隔空对话。如果说这座城市是在长江之畔老汉口的古典建筑群落天际线下，迈向了城市的现代化进程，创造了曾经的辉煌，那么转身百年之后，这座城市也将在新的天际线下，再度迈向辉煌。

地上地下一体化，打造整体宜业宜居的高品质空间

（1）自由穿行的地上地下空间

经过数百年的发展，城市对地下空间的使用思路，已经从解决城市问题的一种应对方式，转变为集约复合利用土地、提升城市竞争力的手段，以及低碳节能型城市发展的新趋势，支撑着全球各大城市以可持续发展方式，迈向现代化城市的未来。

以规划用地功能布局、地块开发强度、慢行系统和公共开放空间体系等指标为基准，汉口滨江国际商务区核心区选定中央公园和地标建筑——周大福金融中心塔楼的地下作为地下空间集中利用的区域。结合轨道交通枢纽的设置，核心区的地下空间以大型综合地下公共空间为节点，将地下商业、地下人行交通、地下环路、地下停车、市政管网等功能和设施统筹安排在地下三层的立体空间中。

地下空间一、二层结合轨道站点以商业和停车功能为主，约125万平方米。地铁10号线的站厅层主要布置在地下二层，为充分利用和引导地铁人流，3.25万平方米地下商业主要沿中山大道、二七路、二七北路布置。为提高地下商业空间的环游性，加强二七路南北地区的联系以及二七路以北地区的广泛联动，在中山大道下方布置商业街，与二七路站南侧、徐州新村站西南侧地块以及周大福金融中心地下商业形成整体。地下环路的主环路主要布置在地下二层，通过地下环路，可方便进入各地块停车场。

事实上，伦敦的金丝雀码头、新加坡的滨海湾花园等先例早已证实，一个具有持续活力和魅力的商务区，需要高楼林立，更需要不断发掘自身的自然和历史要素，创造24小时对外开放的活力公共空间。从地上到地下，满足人们宜业、宜居、宜玩的需求，让人们可以在不同的时间、因为不同原因、在不同的公共空间停驻——设计过大量公共建筑和公共空间的普利兹克奖得主、意大利建筑师伦佐·皮亚诺曾经提到这些具有公共价值的空间，是在城市中创造了一个人们可以聚集在一起见面交流的空间，而这就是城市的本质。"城市的本质意味着一种团结，和相互包容的文化，这就是为什么城市是人类最伟大的发明。"

多元有机、功能混合的公共空间，让产业聚集的中央商务区（CBD）迈向人群聚集的中央活动区（CAZ），这也是城市活力的原点。将具有临江自然资源的地面空间释放，作为人慢行、观景、交流和活动的界面，将车流引入地下，让地下的空间承担交通组织和转换，以及基于地上核心空间的人流交通、商业交互。汉口滨江国际商务区的地上地下空间以"地上空间生态化，地下空间地上化"为理念，进行了一体化的规划和设计。

从解放大道轨道的交通站点穿行到江滩公园，串联起整个汉口滨江国际商务区核心区产业功能组织和步行交通组织的Y形树桥，同样串起了这个区域的绿色生态轴线——汉口江滩公

地下一层
地下步行街+地下商业+地下停车

地下二层
地铁站厅+地下步行街+地下商业+
地下停车+地下环路

地下三层至地下六层
地下停车+地下环路

地下商业空间　　　地下垂直交通空间
地下步行通道　　　地下轨道站点
地下设备空间

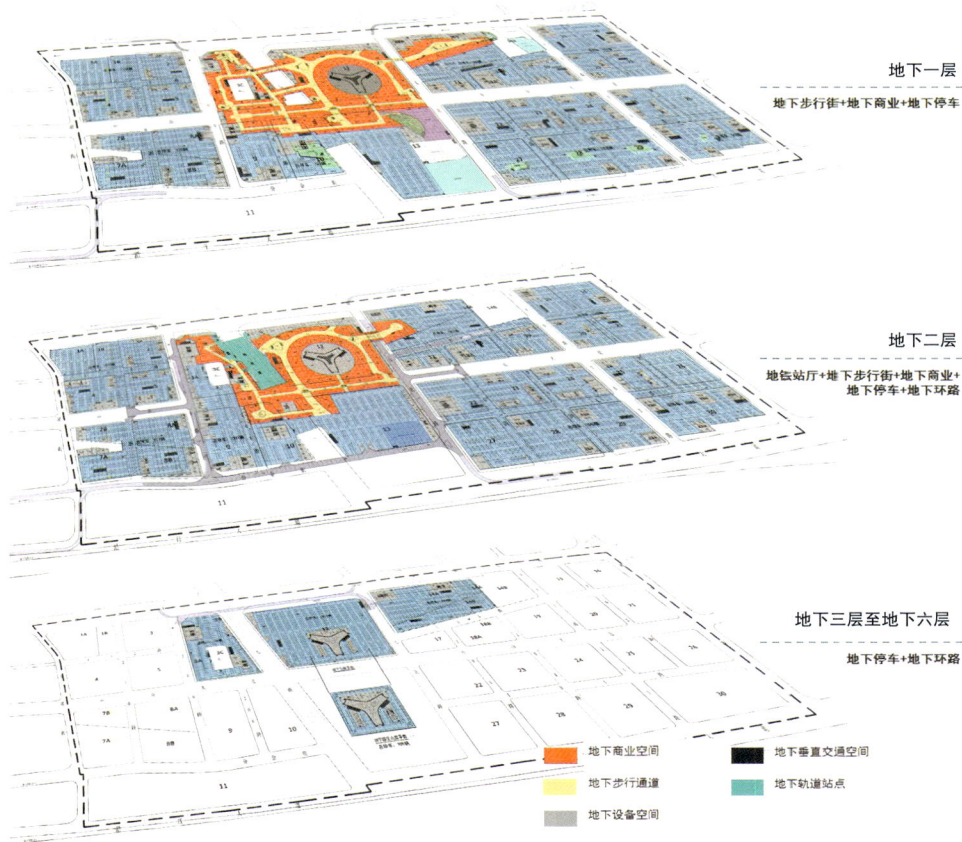

高效舒适的地下空间示意图
资料来源:《汉口滨江国际商务区城市设计》

园、中央公园、城市公园、林荫大道、垂江绿道，随着树桥高低起伏，在不同的高程、通过趣味各异的接口被逐一串联。除了滨江岸线，将成片、成网络的生态景观、城市绿地留在核心功能为国际金融总部的商务区，打造绿色生态体系公共空间，让人、城市与自然和谐交融，从始至终也是汉口滨江国际商务区的建设目标之一。

从地上到地下，市民在可以体验和探索的自然空间中穿行。被树桥以大坡度接口对接的中央公园成为汉口滨江国际商务区核心区绿量最为集中的一个公共空间和景观节点。作为地上地下空间的过渡点和衔接点，中央公园的露天剧场、阶梯草坪、树阵和下沉广场自然过渡，通过公园的城市形象边界、社区活力边界、艺术体验边界和生态绿林边界这四个形象边界，衔接地下的商业街道和轨道交通枢纽，以开敞的形态和方式，将自然光线、通风以及可辨识的景观引入地下，让"地下空间地面化"成为现实。在中山大道上，还有两对出入口连通地面层和地下空间，实现交通、商业功能地上地下全面对接。

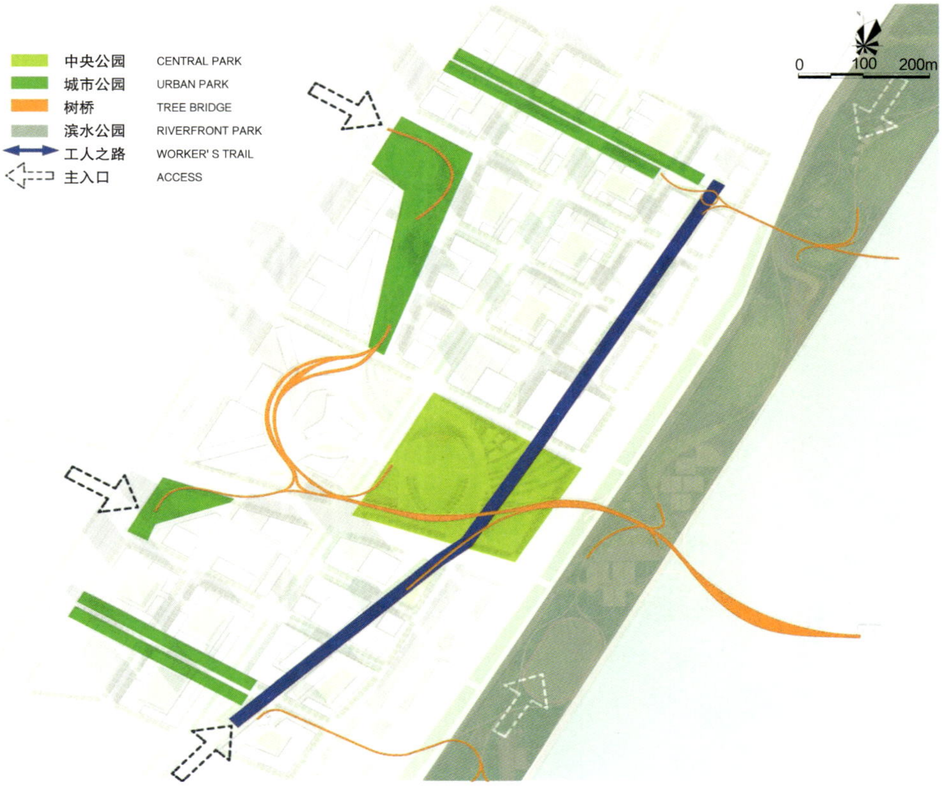

中央公园 CENTRAL PARK
城市公园 URBAN PARK
树桥 TREE BRIDGE
滨水公园 RIVERFRONT PARK
工人之路 WORKER' S TRAIL
主入口 ACCESS
0
100
200m

生态景观构架图
资料来源：《汉口滨江国际商务区城市设计》

+0m
+-6m
10%
9.8%
+0m
+0m
+0m
+0m
5%
12.2%
+6m
-6m
8.3%
5%
5%
9m
0m
+6m
+4.5m
4.5m
+6m
20%
+6m
5%
5%
5%
+6m
+0m
+4.5m
+0m
步行道 +0m
连接负一层
-6m
水幕墙
-6m
树桥
斜坡露天剧场
演出舞台
地下一层商业

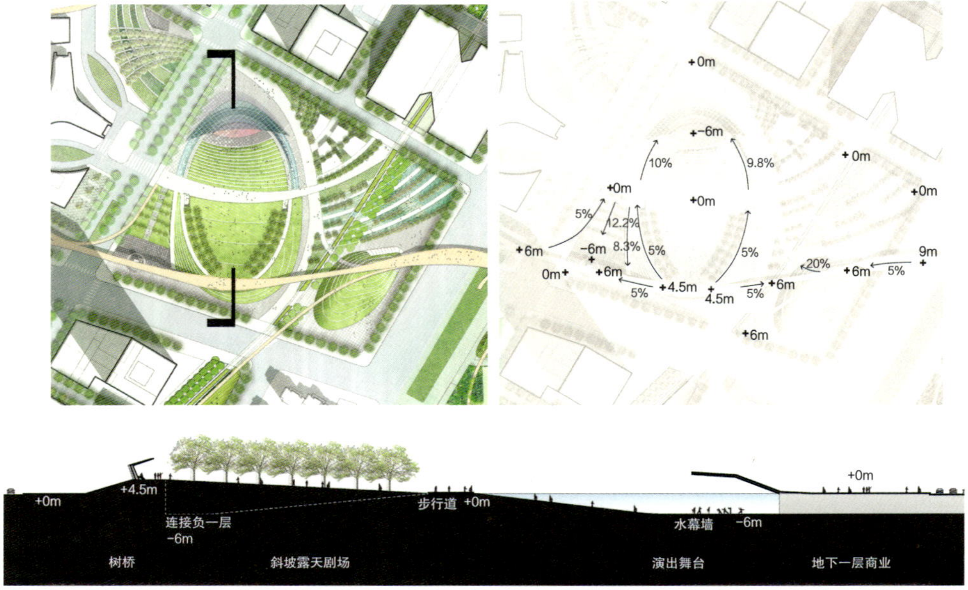

树桥与中央公园衔接示意图
资料来源：《汉口滨江国际商务区城市设计》

第 第 第
1 2 3
节 节 节

整 统 统
体 一 一
治 规 设
理 划 计
， ， ，
共 三 描
谋 位 绘
区 一 精
域 体 细
发 为 化
展 区 设
域 计
赋 蓝
能 图

（2）无缝衔接的三首层立体商业空间

六十多年前，作家简·雅各布斯就在她的城市规划经典著作《美国大城市的死与生》中提到，一个成功的街区必须具备的三个条件之一，就是人行道上必须总有行人。在由高楼大厦带来"城市冷漠症"的现代社会口，有着熙熙攘攘人流的街区，代表着高度活跃的经济、愿意步行的尺度、可以停留的驻点、有多种选择的生活和一个熟人社会的可能。

作为城市公共空间复兴与活力的载体，"街道"在近年来逐渐成为城市研究中的一个焦点。回望昔日的老汉口，正是在自由生长而成的"小街区、密路网"街道布局中，随着商贸的兴盛，成为"人言杂五方，商贾富兼并"的"天下四聚"之首。这样的街道肌理，依然是今天老汉口街道格局的重要组成，在人来人往、游人如织的街头，城市的活力和繁华就这样延续了一个百年。

与以交通运输为主要功能的城市道路相比，尺度适宜的街道具有更多的生活属性，为城市提供着人与人之间可以面对面交流的社交平台；街道上还会出现公共演出、公共艺术、公益设施、艺术展示和城市风景等与城市生活相关的丰富内容，是与人们的日常生活发生最多关联性的场所。

在汉口滨江国际商务区核心区，因为树桥的串联，"街道"的概念不再局限于地面这一个平面：通过竖向的立体交通组织，"三首层"商业界面以不同的空间提供不同的消费体验，满足不同人群在不同场景下的需求——每一种需

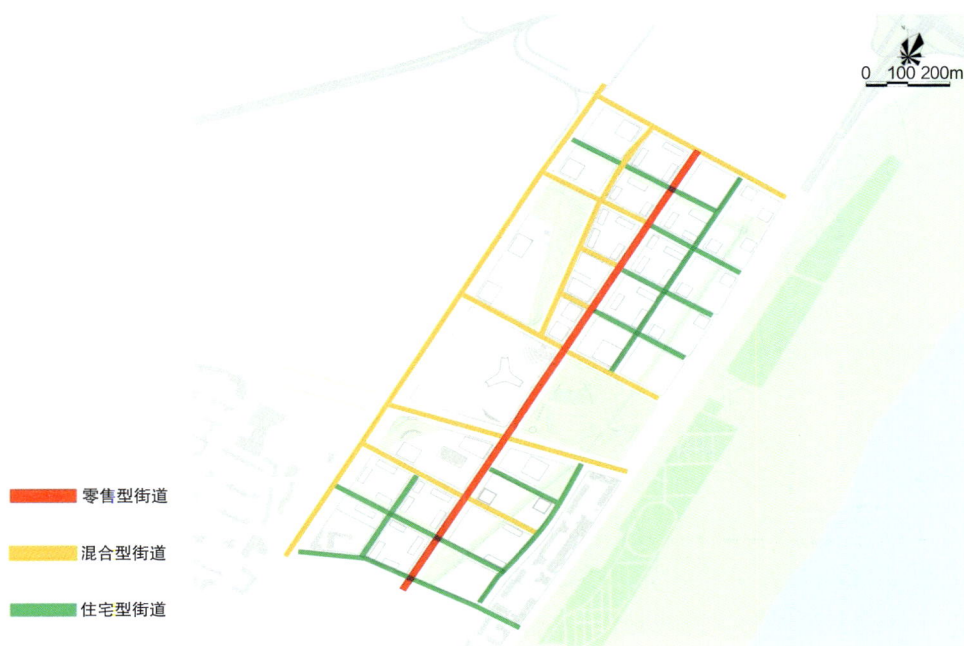

0　100 200m

零售型街道

混合型街道

住宅型街道

街道景观类型图
资料来源：《汉口滨江国际商务区城市设计》

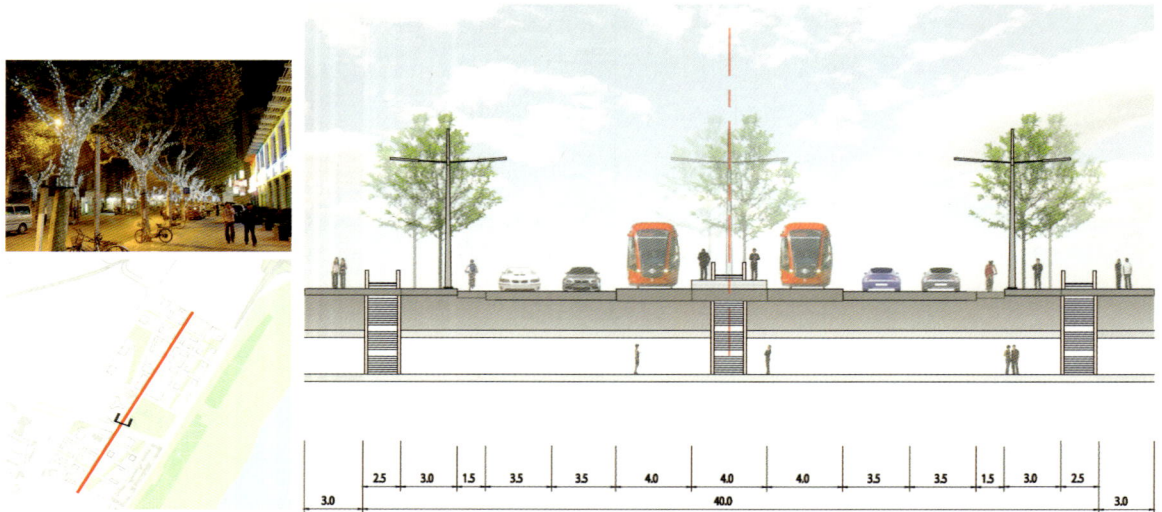

零售型街道
资料来源：《汉口滨江国际商务区城市设计》

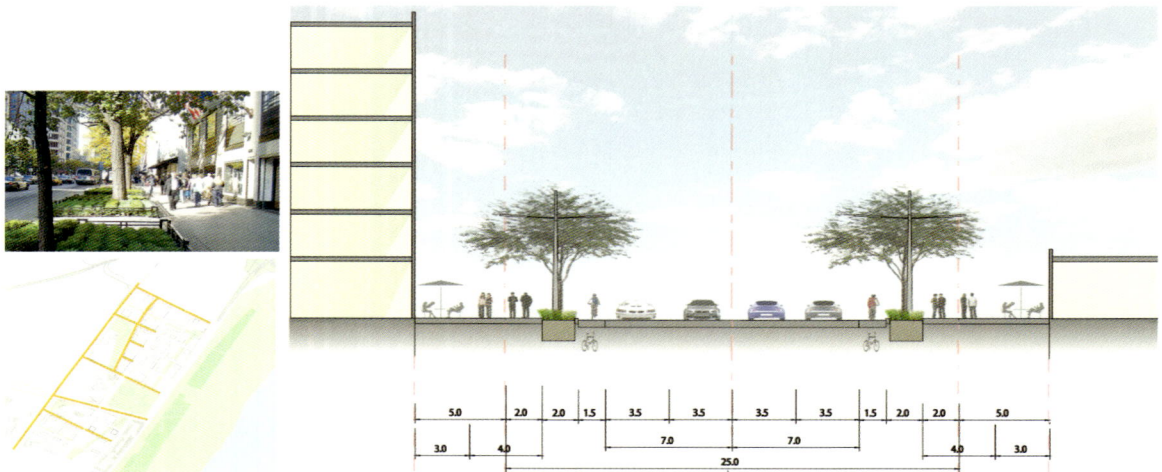

混合型街道
资料来源：《汉口滨江国际商务区城市设计》

求都能被关照，这才是空间价值的最大化体现。

结合尺度和功能设计，汉口滨江国际商务区核心区的地面街道可分为零售型、混合型、住宅型三种街道景观类型。各类型以不同的街道标准断面，形成各具特色的街道景观和体验。

中山大道作为核心区最主要的零售型街道，道路红线宽度为40米，结合中央绿带设置有轨电车，有轨电车的站台设置在中央绿带内，通过地下通道与两侧商业店铺联系。为了强化中山大道的商业氛围，建筑退界范围与人行道合并用于公共空闲，布置露天茶座、步行道、绿化带和树池等设施。

解放大道和中山大道之间的公共建筑集中区为混合型街道，道路红线宽度约25米，建筑退界范围与人行道合并用于公共空间。紧贴两侧混合功能建筑布置3米宽的灵活功能区，设置绿地或露天茶座；自行车道两侧布置生物树池和行道树，隔离人行空间与车行空间。

沿江大道与中山大道之间的住宅集中区主要为住宅型街道，道路红线宽度约18米，均为双向两车道，自行车道与机动车道之间有绿带隔离。该类型街道细分为有临时停车位和无临时停车位两种类型。

混合型街道和住宅型街道的两侧，借鉴纽约、波特兰的绿色街道建设经验，设置了生物洼地，通过透水性路面对雨水进行收集、循环与再利用，丰富街道景观效果，司时净化雨水，缓解对地下排水系统的压力，减少地下排水管道的需求及市政开支。

中山大道带着积淀了百年的商贸基因，从老汉口穿城而至汉口滨江国际商务区核心区的地面层。在这个以约100米×100米尺度规划的街区，90%的建筑临街面是高达三层的商铺，透过落地的玻璃窗能直接看到商铺里琳琅满目的商品，这样连续的商业街道设计，让"逛街"变成一种可以随时行走、随时停驻的空间体验。

中山大道依旧是人流最为集中、最具有城市活力的街道，这里聚集着高端餐饮、创意文化、零售消费、休闲茶歇、特色会所等商业业态，在能体验和感知逛街乐趣的街道中，人与人之间的距离也不再因为陌生而变得遥远；逛累了，随意找一间餐厅或是咖啡店，坐在路边的外摆位休息，你看路过的人是风景，路过的人看你也是风景。

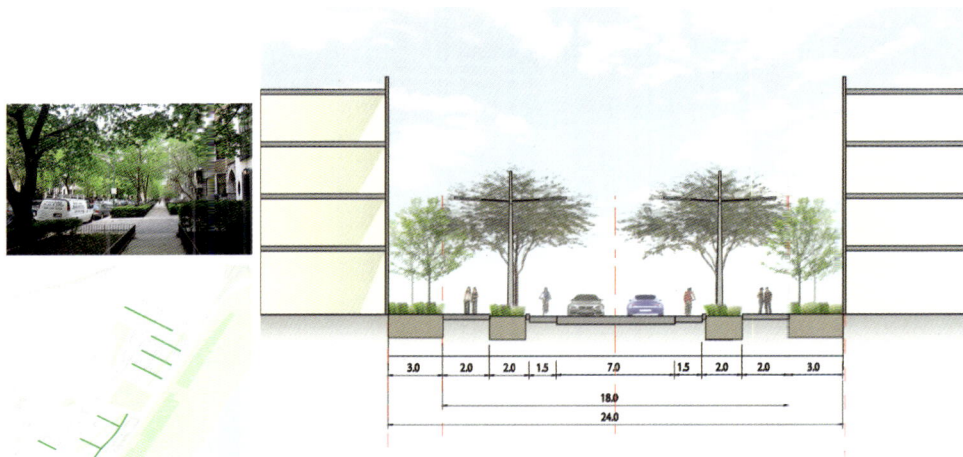

住宅型街道
资料来源：《汉口滨江国际商务区城市设计》

中山大道有轨电车
资料来源：《汉口滨江国际商务区城市设计》

中央公园商业综合体
资料来源：《汉口滨江国际商务区城市设计》

和中山大道的"小而美"不同，解放大道沿线是大型购物中心、中高端时尚购物中心、轻奢精品购物中心等代表着城市时尚风向和品质的大型商业体，和这条城市主干道南端的传统武汉时尚地标武汉广场、武商国际广场，既是一种呼应，也是商业传统的接续。

公交站、有轨电车无缝对接地面街道，中央公园和商业街区让人在自然和都市中随心切换，在地面层的商业空间虽然是最便捷的"逛街之选"，然而在汉口滨江国际商务区的立体商业空间布局中，因为Y形树桥和商务大厦、写字楼群的接驳，二层的商业空间成为一个更具有商务体验感的区域。这里既是在商务区工作的都市白领们商务聚餐、休闲消费，在工作之余进行消费的商业空间，也为更多市民提供了多元的商务消费体验。临江一线的长江风景和葱茏的汉口江滩公园作为这个消费空间绝佳的背景，提供着独一无二的消费感受。

作为地下交通枢纽和户外广场的衔接，地下一层和地下二层释放出巨大的商业潜力和优势，近年来在有些城市的核心商圈，其价值甚至超过了地面层。为提高地下商业空间的环游性，加强地铁枢纽二七路站与地面二七路南北地区的联系，汉口滨江国际商务区核心区地下一层的商业空间，主要设置在中山大道地下、地铁10号线二七路站南侧和徐州新村站西南侧地块以及周大福金融中心塔楼地块的地下，形成整体连通的商业空间。这些地下空间的地面商业界面，也有多个接驳口可以直入地下商业空间，形成三层商业空间自由、灵活的互连、互通、互动。地铁10号线站厅层所在的地下二层的商业空间，沿中山大道、二七路和二七北路布置。两层地下商业空间主打快速消费和时尚消费场景，更追求效率和便捷度，开放时间配合地铁的运营时间，可以在一天中更持久地服务于多元、多层次的消费需求。

交通市政景观一体化，建设绿色韧性城市

（1）把路权还给公众的人性之城

为将连续的步行体验和活跃的商业功能留在路面，汉口滨江国际商务区核心区将"以人为本、公交主导、步行优先"作为道路交通规划的原则和理念，规划设计了"小街坊、密路网"街道布局，缓解道路拥堵、提升城市商业活力，寻回曾经人性化的街区记忆。

在上述理念下，通过性车行交通经外部城市主干道驶离，到达性车行交通通过地下环路进入地下停车场。在不被机动车打扰的地面街道上，安全的慢行道路、开阔的自然空间、舒适的步行体验留给了更多人——把路权交还给公共

交通和行人。这样的交通规划理念，既是一座拥有现代交通文化和文明城市的选择，也代表着城市对个人感受的关照、对绿色低碳生态环境的保护。

根据汉口滨江国际商务区建成后工作岗位数、居住人口数、出行方向及比例、内部交通量等指标进行交通出行预测，未来的汉口滨江国际商务区，早高峰出行量达10万人次，晚高峰出行量达15万人次。

按照武汉市综合交通规划列明的指标，武汉全市公交出行的分担率占40%，而将"公交优先、绿色低碳"写在规划目标的汉口滨江国际商务区，经过科学的计算和对保障手段的预判，确定了66%的公交分担率总目标。其中，轻轨1号线和地铁10号线，在未来将承担46%的区域交通量；公交线路、循环巴士线路、有轨电车线路等地面公共交通将承担20%的区域交通量。

作为城市中最安全、快捷、准时的交通工具，轨道交通的建设对引导优化城市空间布局、带动城市经济发展有着重要的影响。以TOD理念设计的汉口滨江国际商务区核心区的空间布局和交通组织，紧紧围绕途经区域内的轻轨1号线和地铁10号线的站点二七路站和徐州新村站，以树桥和地面密路网衔接两个站点和所有商务、商业空间。通过两条轨道交通与已建成的2号线、3号线、5号线、6号线、7号线、8号线以及规划和在建中的9号线、14号线等地铁线路的接驳，将极大地拓展武汉市各区域对汉口滨江国际商务区的公共交通可达性，吸引更多人来这里工作、休闲、游玩、消费。

作为轨道交通的补充，在现有的公共交通线路之外，汉口滨江国际商务区增加了6条对外公共交通首末线，在长沙路南侧临解放大道附近增设了1处公交首末站，以解决商务区和周边近距离的交通需求。利用二七路现有公交首末站设置1条循环公交线路，主要服务区域内的交通出行需求。在沿江大道、中山大道上增设公交中途站，在解放大道上设置公交专用道，公交站点的间隔被设计成400米至500米一站。和一般的公交站相比，这样较短距离又频密的站点设置，让公交线路与更多人流的聚集点、商务商业的节点空间产生衔接，不仅能提高公共交通的效率，而且增加了在车上体验、观察城市的趣味性。

一种更有趣味、更为怀旧的公共交通方式——有轨电车也将出现在汉口滨江国际商务区的公共空间。汉口滨江所在的"二七"区域，因铁路而生，因铁路而兴，因铁路得名。有轨电车的出现，是区域原生文化的回归，也是向过去那个时代铁路文化的致敬。被设置在核心商业街道中山大道上的有轨电车，成为来到汉口滨江观光必坐的交通工具。作为非通勤服务型公共交通方式，有轨电车以400米间距设置站点，将人流量最大、商业功能最聚集的交通换乘节点设置为站点。从汉口滨江商务区出发，全长6.5公里的有轨电车沿中山大道一路向南延伸到一元路，就像踏上一条时光隧道，徘徊徜徉在汉口的今天和昨天之间，见证这座城市从一种繁盛，走向另一种繁盛的时光轮回。

汉口滨江国际商务区以金融总部型商务区为主要功能，在这里办公的商务人士有更为频繁的差旅出行需要，对机场、高铁站交通的高效、准点有更高的要求。除了通过轻轨1号线和地铁10号线的换乘可以直达武汉天河国际机场，汉口滨江商务区还在区域内开通了连接机场的直达巴士。更加便捷的是，商务区还增加了一条可以迅速接驳机场的轨道交通7号线快线，在办公楼内就能完成值机、行李托运、安检等的一系列登机流程，出差时只需要在预定时间内登上轨道交通，就能直接登机。

汉口滨江国际商务区核心区将成为武汉第一个真正意义上的城市TOD项目，将有效避免集中式交通模式可能带来的拥堵问题，通过复合型的交通通道将人们输送到居住、商业、休闲、娱乐等各种功能空间。

（2）地下环路高效组织繁忙交通

把舒适、连贯的地面慢行交通留给行人和公共交通，是城市"以人为本"的体现。但是一个高效运转的金融总部商务区，必须以高强度的交通支撑能力来维护区域的高效率运行。将地面的路权让渡给城市生活后，为了截流从解放大道和沿江大道进出汉口滨江商务区核心区的车流，缓解中山大道的人车干扰，规划团队向核心区的地下寻找机动车交通的解决方案。

在核心区的地下，总建筑面积达125万平方米的地下空间，涵盖了商业、休闲、交通市政、停车等功能，对核心区内部整体地下空间统一规划，建设两层地下环路。上层将建商务区集中制冷供热的江水能源站管道通道，与长江首座江水能源站相连，为各个地块写字楼与住宅提供空调冷热负荷与生活热水需求。下层作为连通商务各地块地下停车场的进出通道。今后，市民可驱车进入地下环路，直达商务区各金融中心地下停车场。

人在复杂的地下交通系统中由于缺少标志性景观的引导，容易迷路。汉口滨江商务区核心区在选择地下环路交通组织方案时，对八字形、葫芦形、交叉形等方案进行了科学的比对和计算，最终选定了一条围绕着主要商务、商业和公共空间地下部分，主环路长1.8公里，设计宽度14米的单环地下环路方案。沿解放大道、沿江大道、二七路南侧垂江道路、中山大道北侧道路设计的这条环路，设置了"四进四出"8个接地匝道与地面车流无缝衔接、11处通向核心区各个地块的出入口。环路投入使用后，交通速度将限制在20公里/小时，单车道通行能力700车/小时，可使核心区道路饱和度下降17%。

地下停车场是和地下环路相伴而生的空间组织。在以"小街坊、密路网"为模式建设的汉口滨江商务区核心区，地块尺度为100米×100米，如果地下停车场采取地块单独开挖的方式，各地块地下停车空间独立且面积相对较小，

地下环路示意图
资料来源：《汉口滨江国际商务区城市设计》

出入口设置和车辆进出线路会干扰路面交通，地下空间难以互相借用也会导致空间利用率低下等问题。

为了让地下空间的使用更集约高效，打破地块的边界，让空间资源利用率最大化、空间配置更符合共享精神，在核心区地下停车区域的规划中采用了将相邻地块的地下空间打通，构成相对更大的停车场的理念和方式。这样做既方便利用道路空间，让停车入库排队的空间更为宽松，避免造成地下堵车的情况；又减少了停车场出入口数量，方便停车场在地下组织出入口车辆的进出，减小对路面交通的干扰。

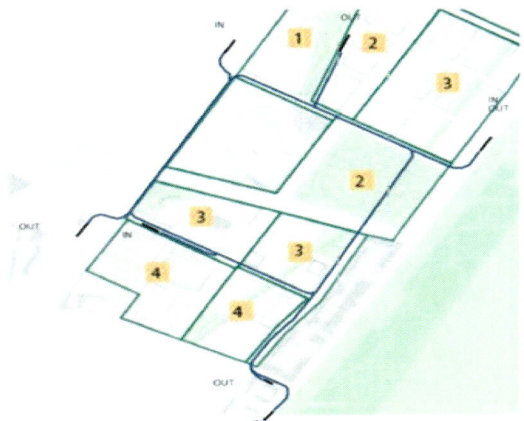

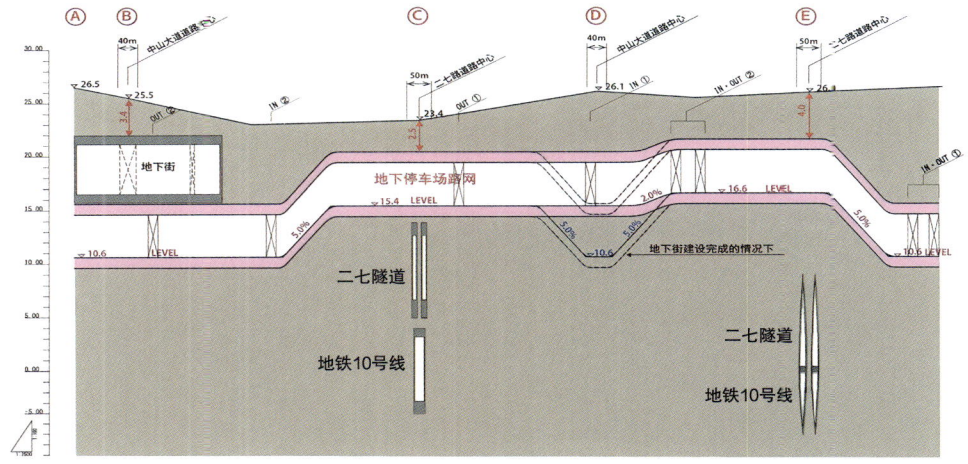

地下环路拉长剖面图
资料来源：《汉口滨江国际商务区城市设计》

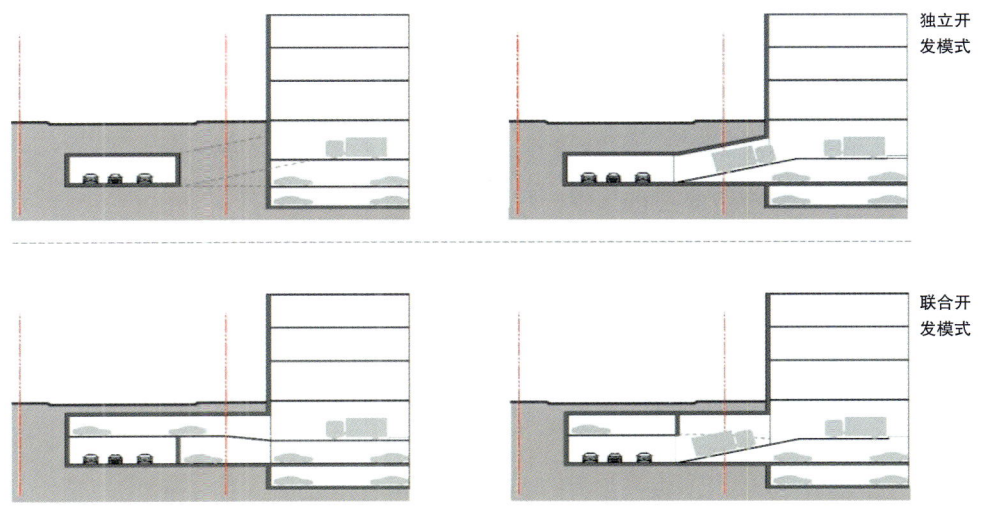

独立开发模式

联合开发模式

地下环路接地下停车场
资料来源：《汉口滨江国际商务区城市设计》

地下停车场分区示意图
资料来源：《汉口滨江国际商务区城市设计》

打破地块限制，几个相邻单元整体开挖地下停车空间，和单地块独立开挖必须架构独立的支护系统相比，整体开挖大大降低了建设成本。在提高地下空间利用效率，更好地组织停车需求的同时，考虑到未来核心区各公司和机构访客和员工车辆使用率和使用时间各有不同，如果单地块开发地下停车场，单位面积的周转率不高。地下停车空间经过统一组织之后，周转率将得到大幅度提升。结合智慧城市的停车位智能提示屏，地下停车场全时段的使用会更为高效。

（3）多功能一体的地下之城

将地面空间用于城市的美化和绿化，让人在具有"山水意象"的物质环境中生活，这是中国人传承千年的人居理想。在现代城市的发展和建设中，想要实现这样的诗意栖居，将那些有

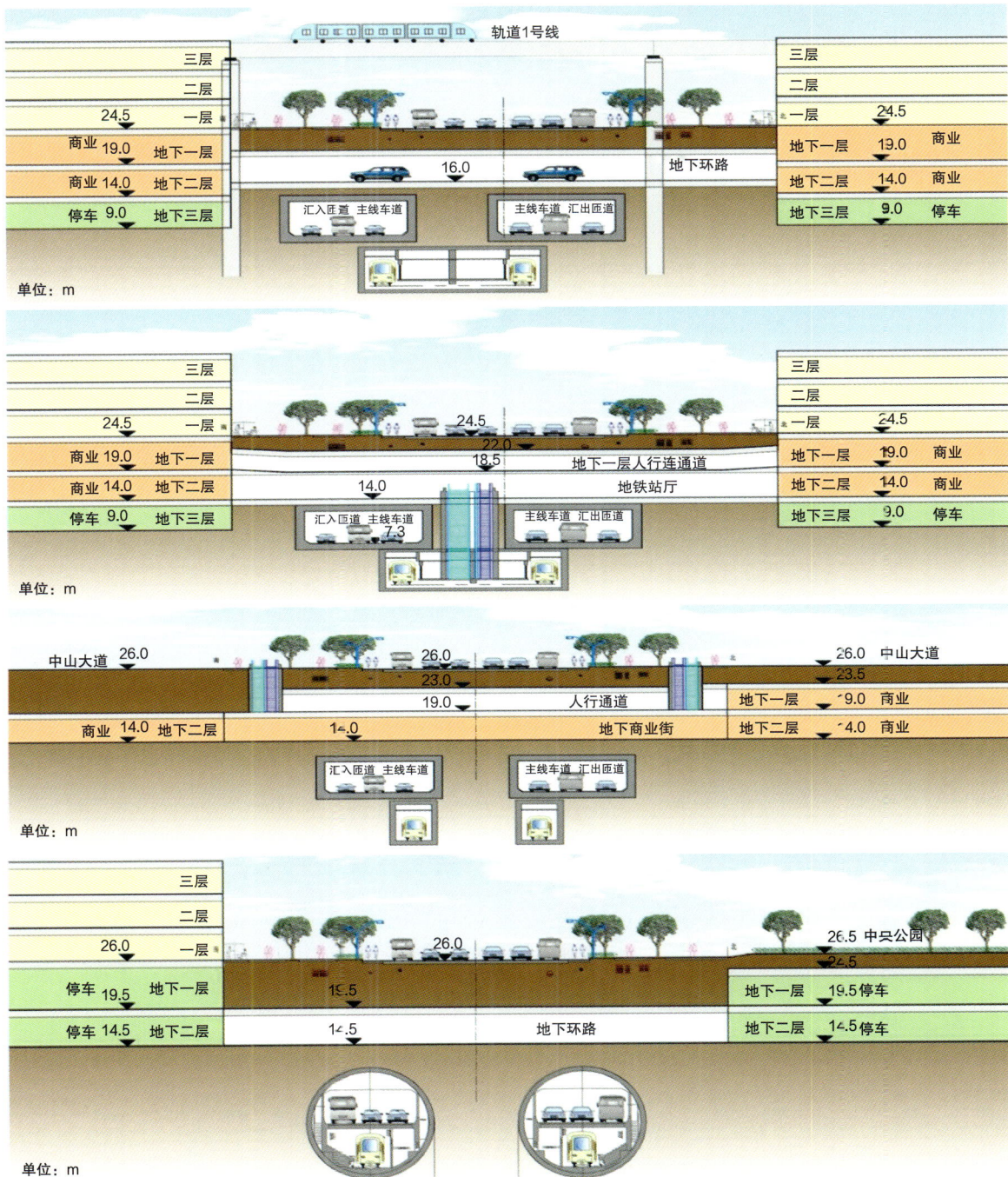

軌道1号線

三层
二层
24.5 一层
商业 19.0 地下一层
商业 14.0 地下二层
停车 9.0 地下三层

16.0 地下环路

汇入匝道 主线车道　主线车道 汇出匝道

三层
二层
24.5 一层
地下一层 19.0 商业
地下二层 14.0 商业
地下三层 9.0 停车

单位：m

三层
二层
24.5 一层
商业 19.0 地下一层
商业 14.0 地下二层
停车 9.0 地下三层

24.5
22.0
18.5 地下一层人行连通道
14.0 地铁站厅

汇入匝道 主线车道
7.3
主线车道 汇出匝道

三层
二层
24.5 一层
地下一层 19.0 商业
地下二层 14.0 商业
地下三层 9.0 停车

单位：m

中山大道 26.0
商业 14.0 地下二层

26.0
23.5
19.0 人行通道
14.0 地下商业街

汇入匝道 主线车道　主线车道 汇出匝道

26.0 中山大道
23.5
地下一层 19.0 商业
地下二层 14.0 商业

单位：m

三层
二层
26.0 一层
停车 19.5 地下一层
停车 14.5 地下二层

26.0
19.5
14.5 地下环路

26.5 中央公园
24.5
地下一层 19.5 停车
地下二层 14.5 停车

单位：m

二七路地下空间剖面示意图
资料来源：《汉口滨江国际商务区城市设计》

079

碍于环境美观的市政设施、基础设施放到地下，打造地上环境优美、地下实现功能的"立体城市"，成为越来越多城市的选择。

在汉口滨江国际商务区的"地下城市"，除了实现产业目标的地下商业街区，衔接不同街道的地下步行廊道，满足交通需求的地下环路和地下停车场，更多与城市市政相关的设施例如地下公路隧道、地下轨道交通、地下市政管网，在这里组成了一个工程体系复杂的庞大地下之城，支撑着商务区安全、高效运转，也保障着城市交通的高效运行。

在汉口滨江的"地下城市"中，最为复杂的一个节点在二七路的地下。武汉的第三条过江隧道——二七长江隧道，西起二七路与工农兵路交会处，穿过整条二七路向东过长江，将汉口与武昌区相连。作为武汉的又一条长江公铁两用隧道，使用全球最大盾构机挖掘的地铁10号线和二七长江隧道共同一条通道修建跨江段，隧道上方为双向六车道公路，下方为地铁轨道，使用二七路地下三层和地下四层空间修建。

二七长江隧道在多长的距离、以怎样的坡度爬坡，以便设置于解放大道的匝口汇入地面交通？地铁10号线二七路站的站厅层分别安排在哪一层空间，既能实现和隧道层的避让，又能和中山大道地下商业空间无缝衔接？站台层和站厅层要以怎样的方式连接才能让人在空间转换过程中感觉最方便和高效？这个复合着公路交通、轨道交通、人行交通、商业空间等各种城

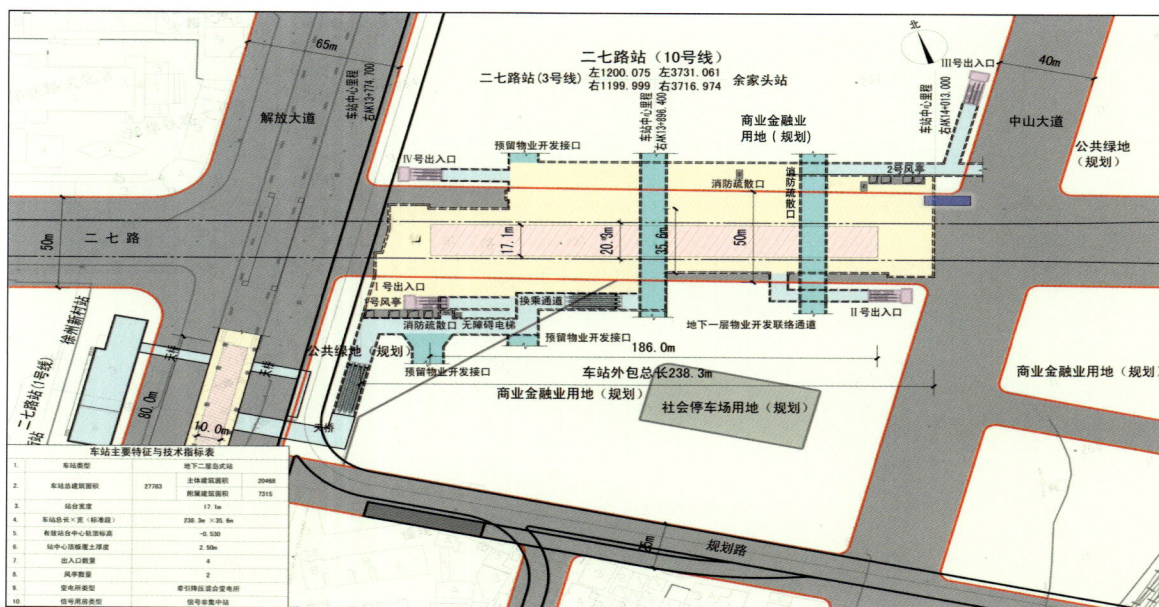

地下交通组织示意图
资料来源：《汉口滨江国际商务区二七核心区修建性详细规划》

市功能的地下立体空间，也是地下的交通转换节点、人流转换节点、轨道交通的换乘节点，人进入商业体的转换节点。如何将这些空间之间的关系、人与空间的关系梳理清楚，关系到各种设施能否安全、稳定、有效地发挥各自的城市功能。

地下空间的最终使用者是人，人对安全、舒适、宽阔、明亮的环境有着本能的需求。从"以人为本"的理念出发，在地下空间规划和功能的立体组织时，人的使用便捷性被规划者放在了首要考量的位置。保障人在"地下城市"行动的方便成为首要考虑的选项。在发生冲突时，市政设施的布局必须让位于人的需要。另外一个原则也与人有关，即要保障人在地下空间行动的舒适度。例如公铁两用隧道在中山大道下方，共用通道分成公路、轨道各自的多个通道，留出中间的空间设计了一个大型手扶电梯，让人以最短的步行距离为前提，将地铁10号线设于地下四层的站台层和地下二层的站厅层，实现垂直衔接转换，让地铁乘客可以无缝进入步行廊道和地下商业街区。

考虑到减小二七长江隧道的出口对城市空间和道路的影响，在隧道中，轨道空间和公路空间设计了不同的起坡坡度，保证地下公路从隧道的接口行驶至地面城市道路时，可以通过外围道路的组织回到汉口滨江商务区里面。

为了将更优美的景观和舒适环境留在地面，市政设施地下化已经成为未来城市建设的趋势。住房和城乡建设部也曾印发《关于加强城市地下市政基础设施建设的指导意见》，提出要将城市作为有机生命体，加强城市地下空间利用和市政基础设施建设的统筹，立足于城市地下市政基础设施高效安全运行和空间集约利用，合理部署各类设施的空间和规模，提升城市地下市政基础设施数字化、智能化水平。

在城市的地下建造一个隧道空间，将电力、通信网络、广播电视、燃气、供热、给水排水等与城市正常运行息息相关的重要基础设施工程管线集于一体，这样的城市综合管廊，通过一次性建设投入，不仅可以有效杜绝城市道路出现"拉链马路"现象，而且更有利于在后期对各类管线进行抢修、维护、扩容改造。基于这些特点和优点，越来越多城市采用综合管廊的方式，节约城市用地，优化路面景观，减少管线在地面的架设而产生与城市绿化之间的矛盾。

从城市功能、空间布局、成本造价等多方面考量，汉口滨江国际商务区核心区采用怎样的地下综合管廊系统方案，才是既能实现功能、又具最佳性价比呢？

在对汉口滨江国际商务区的道路和基础设施规划进行详细分析后，承担地下空间专题深化设计工作的日建设计团队，提出了两种综合管廊的规划方案。

一种是在欧美发达国家已经使用得非常成熟的共同沟方案。可以将电力电缆、通信线缆、给水排水、雨水等多种管线一并收纳的共同沟，因为包含管径

江水源能源站示意图
资料来源：武汉城市建设集团有限公司

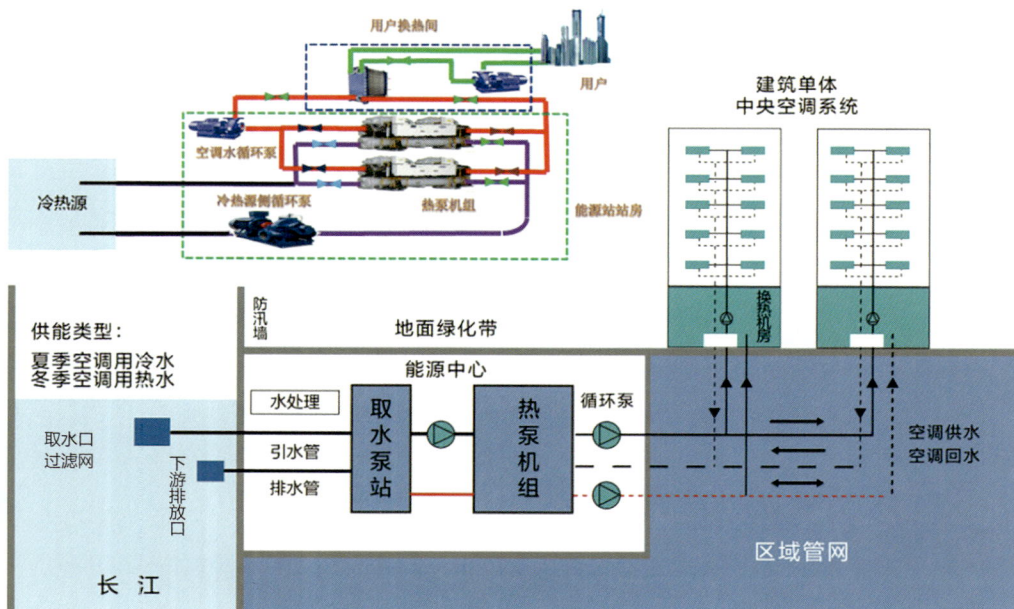

江水源热泵工艺流程示意图
资料来源：武汉城市建设集团有限公司

较大的重力水管，管廊尺寸为2.1米×2.2米，在地下覆土埋深达2.5米，如果铺设，会占用中山大道大量的地下空间。在初装成本方面，共同沟的国内平均造价约为2万～4万元/米。

另一种是只在地下收纳电力线缆和通信线缆的方案CCBOX，箱涵的宽度和深度均为1米，覆土埋深0.6米，相对综合管廊，该方案可以在人行道下方较浅空间铺设。

由于共同沟对地下一层空间的影响太大，综合考虑到中山大道地上地下衔接的商业功能，给水、雨水、污水管道一经铺设完毕变动性较小，以及CCBOX结构紧凑、建造成本可控等优势，汉口滨江国际商务区的核心区最终采用了CCBOX的方案，将一条总长5公里的地下综合管廊铺设在中山大道的人行道下，实现了各类基础设施线缆管网对城市功能的支撑，它将干净整洁的路面空间、舒适安全的步行体验留给了市民。

当"步行友好城市"成为一种全球现象，以细致合理的城市规划关照更多人的感官和感受，让人拥有更多户外活动、呼吸更多新鲜空气，城市因此而伟大。

绿色能源一
资料来源：《汉口滨江国际商务区二七核心区城市设计》

（4）江水源热泵降低能源消耗

事实上，早在2012年汉口滨江国际商务区就把低碳可持续写进了商务区的规划目标中，以循环能源的使用践行绿色低碳高质量发展之路。

作为全国闻名的"四大火炉"之一，武汉夏热冬冷，建筑内部空间对空调的依赖度极大。有预测显示，在未来20年我国整体社会能耗中，建筑能耗将占28%，空调系统能耗占整个建筑能耗的63%左右，因此空调系统能耗占整体社会能耗的15%～20%，降低空调系统能耗将大幅节省能源。

考虑到汉口滨江国际商务区内的建筑必须安装中央空调系统，而超高层建筑的冷热负荷需求极大，采用集中供能的方式为区域内的建筑提供空调冷热源以及生活热水的供应方案，在规划阶段就被确定下来。在对可再生能源（例如江水源、浅层地热能）和不可再生能源（以天然气和石油为代表）进行节能效率、持续功能的稳定性、经济性等多方面比选之后，汉口滨江国际商务区因滨长江之便，选择了利用江水作为冷热源能源站的方式，实现区域集中供能。

作为湖北省首座江水源能源站，汉口滨江国际商务区的江水源能源站被设计在中央公园绿地下方复合开发，为全地下式能源站房。采用"江水源热泵+水蓄能+大温差输配"技术路线，设计空调总冷负荷峰值约为164兆瓦、空调总热负荷峰值约为78兆瓦，项目一期建成后可满足汉口滨江国际商务区集中供能需求。

相比较于传统的由室内机、室外内和冷媒组成的VRV空调，使用江水源能源站的空调系统，送风更柔和、空气不干燥、舒适度更高。除此之外，采用江水源能源站的减排效果更为明显，项目达产后，每年可节约标准煤7374吨、减少二氧化碳排放约18140吨、减少二氧化硫排放约253吨、减少氮氧化物排放约59吨，相当于一年种植了约105万棵树。江水源能源站全面建成投入使用后，将为实现汉口滨江国际商务区绿色低碳可持续的规划目标产生巨大的促进和推动作用。

（5）海绵城市远离"看海"武汉

随着气候变化，极端天气出现频率变大，为城市带来灾难和一系列次生灾害，对城市的韧性提出了严峻的考验。习近平总书记在《国家中长期经济社会发展战略若干重大问题》中提到："城市发展不能只考虑规模经济效益，必须把生态和安全放在更加突出的位置，统筹城市布局的经济需要、生活需要、生态需要、安全需要。"针对近年来多次出现的城市内涝问题，习近平总书记在《做好城市工作的基本思路》中提到："城市规划就是要注意加强排水能力建设，重视建设海绵城市，充分利用自然山体、河湖湿地、耕地、林地、草地等生态空间，同时

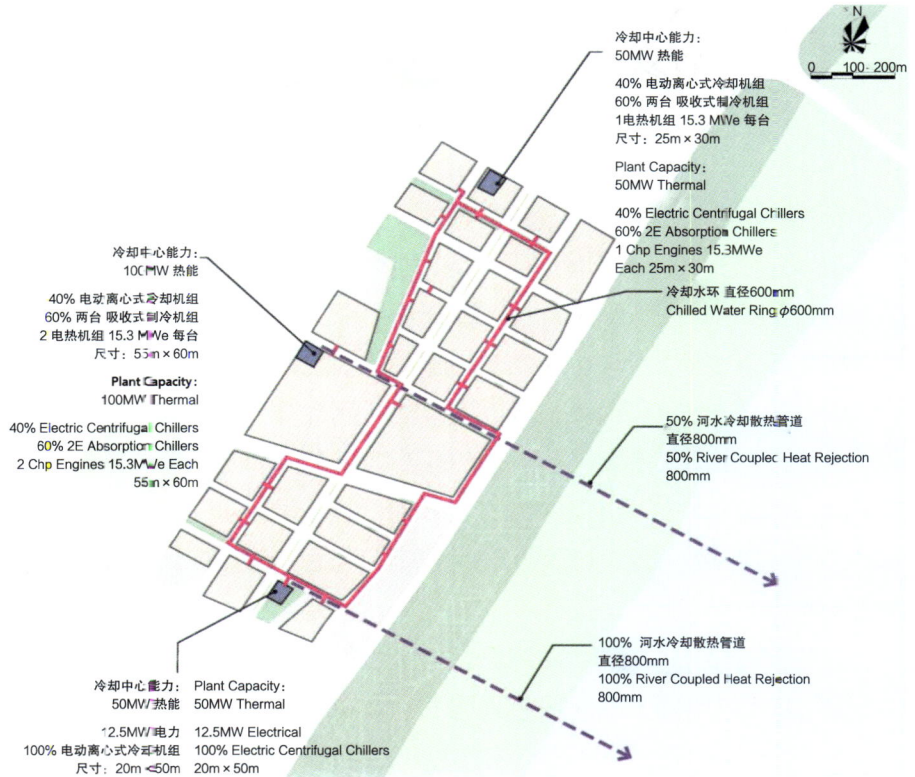

冷却中心能力：
50MW 热能

40% 电动离心式冷却机组
60% 两台 吸收式制冷机组
1电热机组 15.3 MWe 每台
尺寸：25m×30m

Plant Capacity：
50MW Thermal

40% Electric Centrifugal Chillers
60% 2E Absorption Chillers
1 Chp Engines 15.3MWe
Each 25m×30m

冷却水环 直径600mm
Chilled Water Ring φ600mm

冷却中心能力：
100MW 热能

40% 电动离心式冷却机组
60% 两台 吸收式制冷机组
2 电热机组 15.3 MWe 每台
尺寸：55m×60m

Plant Capacity：
100MW Thermal

40% Electric Centrifugal Chillers
60% 2E Absorption Chillers
2 Chp Engines 15.3MWe Each
55m×60m

50% 河水冷却散热管道
直径800mm
50% River Coupled Heat Rejection
800mm

100% 河水冷却散热管道
直径800mm
100% River Coupled Heat Rejection
800mm

冷却中心能力：
50MW 热能

12.5MW 电力
100% 电动离心式冷却机组
尺寸：20m×50m

Plant Capacity：
50MW Thermal

12.5MW Electrical
100% Electric Centrifugal Chillers
20m×50m

0 100 200m

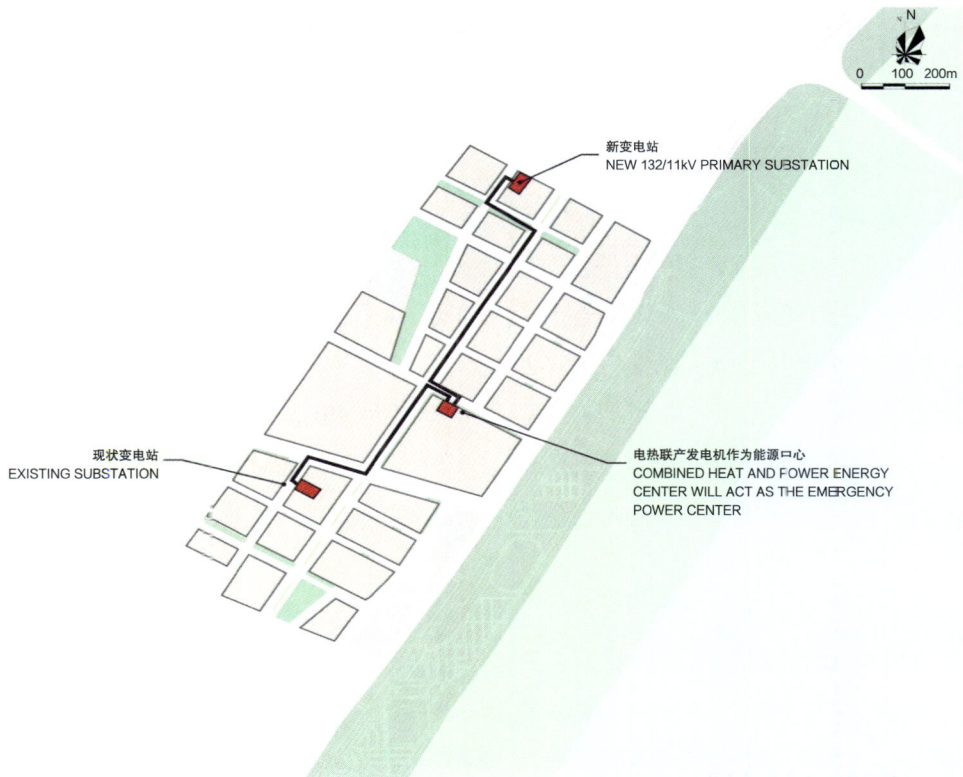

新变电站
NEW 132/11kV PRIMARY SUBSTATION

现状变电站
EXISTING SUBSTATION

电热联产发电机作为能源中心
COMBINED HEAT AND POWER ENERGY
CENTER WILL ACT AS THE EMERGENCY
POWER CENTER

0 100 200m

绿色能源二
资料来源：《汉口滨江国际商务区二七核心区修建性详细规划》

降低城市硬覆盖率，以提升城市地面蓄水、渗水和涵养水源能力。"

特别是对于武汉这样常年频繁遭受雨水侵袭的长江中游城市，如何解决内涝问题是城市安全必须面对的课题。作为新一代的城市雨洪管理概念，海绵城市能以卓越的"弹性"，面对环境改变和应对雨水带来的自然灾害等情况，也被称为"水弹性城市"。海绵城市，是指城市像海绵一样，遇到降雨时就地浸透、吸收、存蓄雨水；遇到干旱时再将蓄存的雨水"吐"出来，加以循环运用于灌溉花草树木、清洁城市道路等，为城市节省水资源，减轻城市水危机。2015年，武汉市成为全国首批16个国家海绵城市试点之一，随后，武汉市出台相应规定，要求2017年之后拿到规划设计条件的建筑项目，必须融入海绵城市设计理念，竣工验收合格后才能交付。

以海绵城市的技术，保障临长江一线的汉口滨江国际商务区免于城市内涝之患，既是商务区高质量建设的需要，也是打造武汉韧性城市的一部分。针对商务区的地理位置、用地规划、下垫面信息等特点和情况，设计在极端天气情况下保持基础设施和城市功能基本正常运转的海绵城市建设方案，汉口滨江国际商务区海绵城市总规划通过对所有海绵指标的梳理，筛选出与汉口滨江商务区海绵建设相关的指标，将指标分为规划指导性指标和设计指导性指标，指导汉口滨江国际商务区海绵城市的建设。

2017年，汉口滨江国际商务区的海绵城市建设总体规划通过武汉市城乡建设局、武汉市国土资源和规划局、江岸区政府的审批，成为武汉市首个取得联合批复的海绵城市建设规划项目。汉口滨江国际商务区的海绵城市，采用雨水滞留、储蓄、渗透、净化和利用设施，建设单元规划达到70%的年径流总量控制率目标、面源污染削减率达到70%，雨水资源化利用率方面，新建的建筑和小区为40%，新建的公园和绿地为50%，通过海绵城市的建设，在整个商务区实现高效集水、平衡生态。这一套城市雨水消纳"神经网"，在高效集水的同时，也起到节能减排、缓解热岛效应的功效，实现汉口滨江国际商务区与自然的和谐共生、可持续发展。

（6）沿江风道给"热岛"降温

汉口滨江国际商务区核心区在为楼宇布局时，进行了精细的风道规划研究和设计，顺应滨江的局地气候特征，利用城市天然风道长江的自然环境打造生态宜居的空间。按照核心区的风道规划，主要风道边不建高层建筑，高层建筑主要建于风道平行方向，在垂直于主要风道的方向不设置闭合楼群。为保证充分的通风，增大了核心区大型建筑和周边建筑的间距，垂直于主要风道的大型建筑物进行了底层架空的设计；与此同时，将占地面积大的低层建筑物改为占地面积小的高层建筑物，增加大型建筑物之间的间距。汉口滨江国际商务区核心区采用回归自然

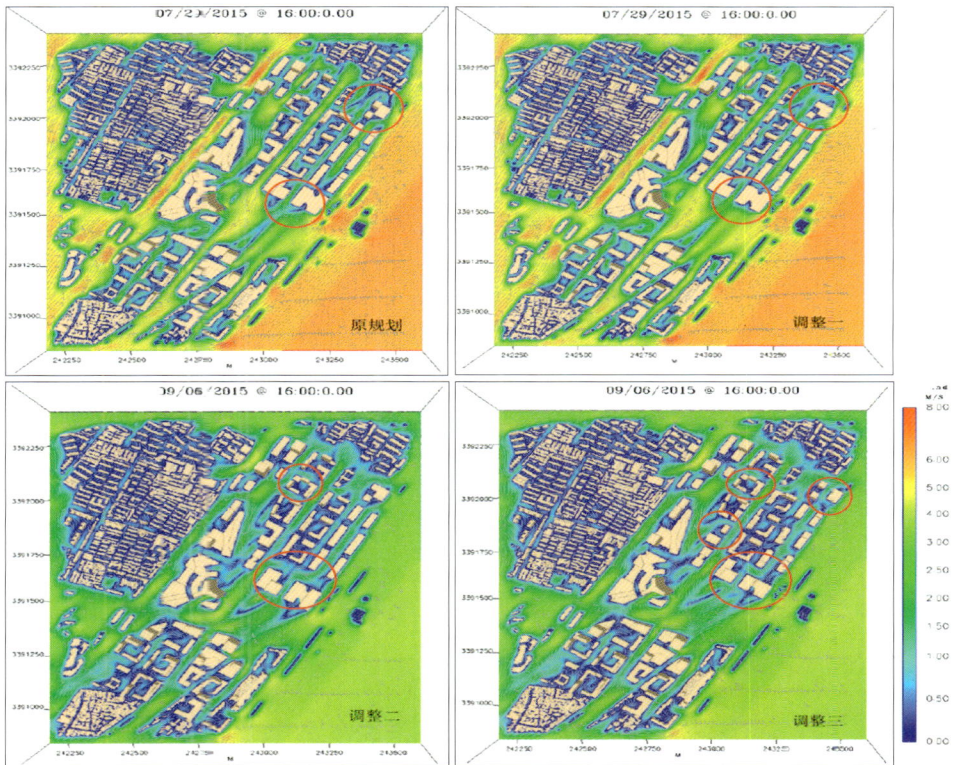

风环境模拟分析
资料来源：武汉市规划研究院《武汉市城市风道规划》

的理念，让建筑的布局更合理、更通风、更节能，以绿色低碳、生态宜居的人居生活品质，推动核心区的可持续高质量发展。

顺势北拓，五、六期延续商务功能

（1）"天际之门"跨桥缝合

汉口滨江国际商务区二七核心区建设稳步推进，规划理念和建设品质获得市场认可，招商工作进展顺利。2016年，为进一步加强商务功能集聚，中心联合美国ASGG建筑设计事务所和世邦魏理仕（CBRE）公司启动了五、六期的城市设计方案编制工作。五、六期按照"六统一"的模式，作为二七核心区的北延区，继续延续国际总部职能，引入高端文化创意产业，提供完善的办公、居住和配套设施。

汉口滨江国际商务区五、六期用地跨越武汉二七长江大桥北岸桥头，总用地约92.5公顷。二七长江大桥是武汉老城和新城之间的天然壁垒，此外，沪汉

汉口滨江国际商务区五、六期场地现状
资料来源：武汉市自然资源保护利用中心项目组

汉口滨江国际商务区五、六期铁路
资料来源：武汉市自然资源保护利用中心项目组

汉口滨江国际商务区五、六期二七长江大桥立交匝道
资料来源：武汉市自然资源保护利用中心项目组

图例
- 江北快速路
- 60m道路（解放大道）
- 40～55m宽道路（中山大道）
- 40～50m宽道路
- 20～30m宽道路

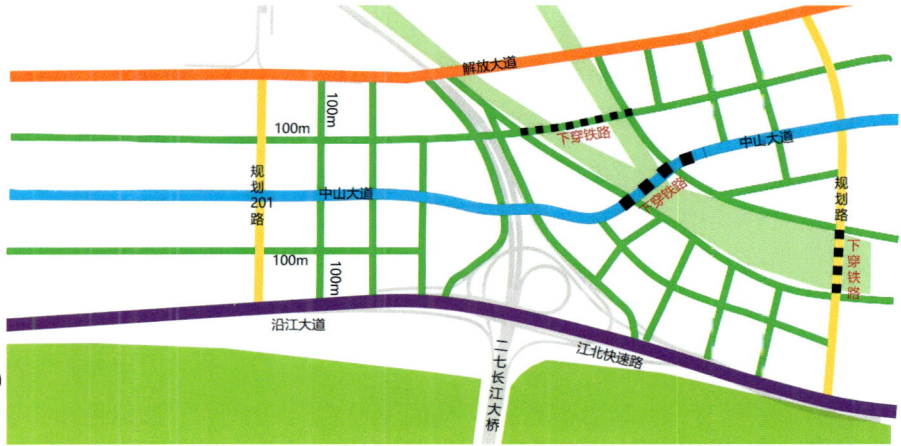

五、六期小街坊密路网示意图
资料来源：《汉口滨江国际商务区五六期桥头片城市设计》

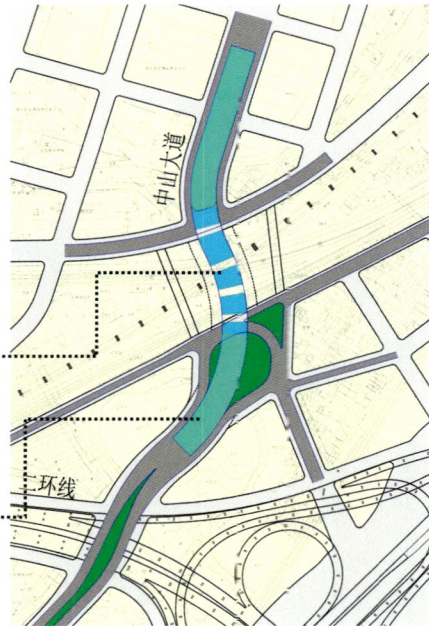

铁路暗埋段

铁路敞口段

五、六期中山大道下穿铁路示意图
资料来源：《汉口滨江国际商务区五六期桥头片城市设计》

二七长江大桥

五、六期桥头景观示意图
资料来源:《汉口滨江国际商务区五六期桥头片城市设计》

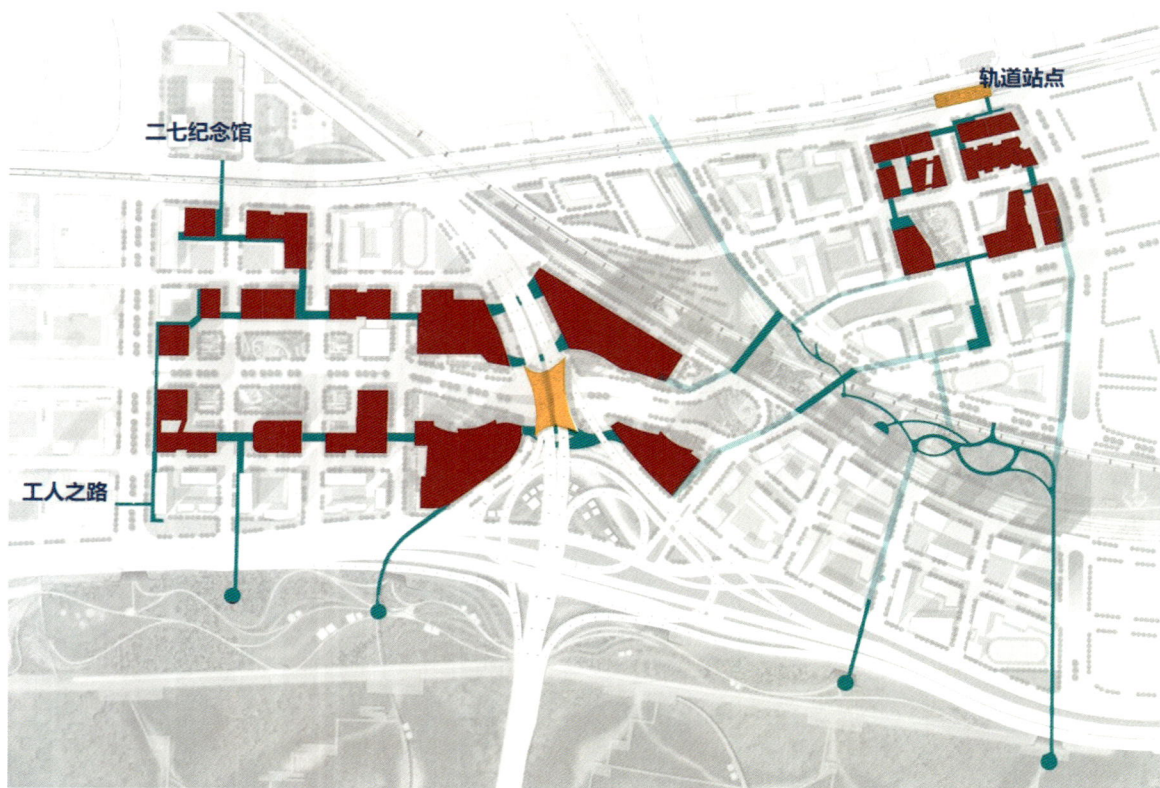

五、六期三层慢行体系示意图
资料来源：《汉口滨江国际商务区五六期桥头片城市设计》

蓉高铁、京广铁路从用地内纵横穿越，用地割裂问题严重。因此，规划方案编制之初，就确立了"南北缝合+桥头融合"的设计理念，通过整体的城市设计，合理利用高差增设局部道路，将封闭的铁路通道、大高差的桥梁立交、城市快速道路有机缝合，实现融合发展。

为解决五、六期空间割裂的问题，美国ASGG建筑设计事务所提出以公共空间为纽带的"纽带公园"、以建筑群体与桥梁一体化设计的"天际之门"和以文化桥梁为理念链接文化产业业态的"艺术之桥"三个方案，经过专家论证等多轮比选，最终选定了"天际之门"方案，以展示并强化汉口滨江国际商务区现代化的城市门户形象。

（2）深化道路体系，加强南北联通

利用五、六期场地高差，打通二七长江大桥下的道路，贯通桥头两侧空间；通过局部道路下穿铁路，避开铁路桥墩保障下穿可行，打通二七长江大桥北侧垂江道路，形成保障进出和联通的交通网络；加密支微路网，延续核心区"小街区、密路网"格局，支撑商务区的运转；构建"地面+商业环廊+BRT站点"的三层慢行体系，有效衔接江滩公园、公共空间及公共建筑。

（3）建筑与桥梁一体化设计

在五、六期桥头门户中心区规划三栋超高层商务塔楼，形成标志性商务门户景观建筑群，形成"天际之门"的意象。借鉴香港、东京、台北等城市建筑群整体高效建设经验，将立体高架的二七长江大桥和桥头标志建筑群一体化设计，到达车辆通过高架桥匝道直接进楼宇停车场，减少车辆绕行和路面交通干扰。超高层商务塔楼裙房整体设计，相互联通，以中山大道北延线为核心，共享公交和BRT换乘站点，组织地面、地上二层商业空间，形成丰富的业态模式。

（4）公交、景观与桥梁一体化设计

为支撑区域高强度、高密度的综合体开发，五、六期规划设计方案提出了以轨道交通为引领的公交优先理念，结合桥头交通组织增设垂直交通枢纽，形成有轨电车、BRT、桥头综合体的多层垂直换乘；在业态设计方面，为突出五、六期与核心区的互补发展，强化其文化创意产业、"互联网+"等新兴产业特点，利用二七长江大桥下空间设置桥下文化集市，与桥两侧高层标志塔楼裙房空间融合设计，拉长客流游线。

南联北引，七期开启城市更新模式

（1）轨道引领发展，开展七期城市设计研究工作

随着商务区五、六期城市设计落地，商务区七期的谋划和研究工作也相继启动。七期的建设，将汉口滨江国际商务区与武汉长江新区连为一体，长江北岸城市功能格局整体贯通。规划的轨道交通12号环线丹水池车辆段位于七期范围内，是武汉市的重点工程。按照市政府的相关要求，丹水池车辆段的设计方案需结合片区整体城市设计进行明确。2020年，为进一步延续商务区的主体功能，统筹考虑车辆段和周边区域建设，中心联合法国AREP、仲量联行启动了汉口滨江商务区七期的城市设计研究工作。

商务区七期南邻商务区六期，北接长江新区，现状以工业仓储功能为主，总用地面积约344公顷。片区内工业遗产丰富，生态资源优渥，拥有3公里长的长江岸线，规划定位为集"文化创意、数字科技、金融服务、时尚消费、旅

二七长江大桥和桥头商务塔楼一体化设计示意图
资料来源：《汉口滨江国际商务区五六期桥头片城市设计》

二七长江大桥下空间利用示意图
资料来源：《汉口滨江国际商务区五六期桥头片城市设计》

七期概念方案示意图
资料来源：《汉口滨江国际商务区七期丹水池片车辆氏及周边区域城市设计》

游休闲和品质生活"等功能于一体的汉口滨江文化科创区。将坚持文化先导、生态优先、品质建设和融合发展四大理念，构建科技场景应用地、科技金融赋能地和先锋艺术集聚地。重点打造以中山大道活力轴、滨江创新轴、沿江生态轴和垂江综合轴组成的"三纵一横"城市轴线，建设丹水池TOD、新荣TOD两大TOD站点以及多个创新地标，形成综合服务中心、文化创意与数字科技区、时尚艺术都会区、湿地花城示范区和品质生活区等五大产业板块。

（2）留改拆并举，纳入更新单元

《中共中央关于制定国民经济和社会发展第十四个五年规划和二〇三五年远景目标的建议》明确提出实施城市更新行动。进入"十四五"以来，武汉市从大规模增量建设，向存量提质改造和增量结构调整并重转变，迈入高质量发展的城市更新时期。

按照市委市政府统一部署，滨江商务区七期列入武汉市统一划定的32片重点城市更新单元，将按照成片推进、单元更新的方式，突出由"拆改留"向"留改拆建控"转变，有序引导更新项目有效聚合，进一步强功能、补短板、显特色。

作为承载"五个中心"的城市核心区和"两江四岸"重要组成部分，商务区七期采取"留改拆并举"的更新方式，未来将聚焦核心强功能，促进两江四岸城市功能全正提升。在功能上，延续汉口滨江国际商务区金融传统，联动长江新区科创优势，形成"科技+金融"的跨界组合。在特色上，活化利用工业遗存，激活工业遗产价值，打造以先锋艺术和时尚艺术为主的文创集聚区；在空间上，通过加强垂江慢行联系，增加滨江开放空间，重塑城市级公共空间。随着城市更新工作的逐步推进，商务区七期未来将被打造成为长江左岸的超级创新走廊。

七期丹水池TOD概念方案示意图
资料来源：《汉口滨江国际商务区七期丹水池片车辆段及周边区域城市设计》

七期肉联厂现状鸟瞰图
资料来源：武汉市自然资源保护利用中心

七期肉联厂工业遗产保留改造方案示意图
资料来源：《汉口滨江国际商务区七期丹水池片车辆段及周边区域城市设计》

七期油罐艺术公园示意图
资料来源：《汉口滨江国际商务区七期丹水池片车辆段及周边区域城市设计》

第3节 统一设计，描绘精细化设计蓝图

　　为了实现"规划蓝图"向"建筑施工图"再向"建设实景图"转变，实现区域整体打造的"三个一体化"规划理念有效传导，汉口滨江国际商务区二七核心区提出了"先规划后建设、先地下后地上、先配套后开发、先生态后业态"的建设原则，率先开展了基础设施和公共设施的工程设计。为保障基础设施、公共设施、公共空间建设与后续经营性用地开发建设的有效衔接，市区政府联合在汉口滨江国际商务区成立了工程建设指挥部，内设综合部、设计部和建设部，分别负责协调管理、综合设计和工程施工等工作；在综合设计组组建设计联盟，联合多专业、多领域设计机构，全面统筹道路交通、基础设施、地下空间、建筑工程、景观工程等各专项工作，实现各项工程的"统一设计"，奠定了商务区的"高品质建设标准"和精细化的设计蓝图。

组建综合设计联盟，实现工程设计多专业统筹

　　2015年8月，为高效推进汉口滨江国际商务建设实施，经市规划局研究并报市政府同意，由建设单位和设计联盟主要参与单位共同商议，汉口滨江国际商务区综合设计组按照"2+N+X"的模式正式组建：即两个组长单位——中信建筑设计研究总院和武汉市土地利用和空间规划研究中心+武汉市规划研究院；"N"为核心单位，包括上海市政工程设计研究总院、中铁第四勘察设计院、长江勘测规划设计研究有限责任公司、武汉市测绘研究院（武汉市勘察设计有限公司）、上海市城市建设设计研究总院等；"X"为项目设计的参与单位，包括武汉市交通发展战略研究院、供电设计院、各市政相关专业设计院、SOM等参与了城市设计和各专项规划的相关机构，以及各类咨询策划公司和专业设计公司等。12家国内外知名建筑、工程设计机构，跨越勘察、测绘、交通、市政、能源、水利、环保等15个专业，参与汉口滨江国际商务区公共投资项目的全过程工程设计中。

　　汉口滨江国际商务区二七核心区的综合设计，分为综合设计方案、初步设计、施工图设计、施工配合服务四个阶段。项目综合设计主体内容由地下空间与立体路网（含地下网）两大部分，以及地铁及过江隧道、有轨电车、测绘及勘查三个专项组成。

　　作为组长单位之一的中信建筑设计研究总院主要负责对各设计单位进行协调管理，对公共投资项目工程设计的总体性、完整性、统一性负责，保证将总体设计原则贯穿于工程实施全过

程，同时负责中央公园和树桥等汉口滨江国际商务区标志性节点项目的设计；中心作为前期规划阶段的技术统筹单位，参与后续设计阶段的部分工作，保证规划到设计的不走样；核心单位以自身较高的专业领域技术优势，各自全面负责商务区勘查、测量、岩土设计工作及地下环路及道路管网、过江隧道、有轨电车、能源站等主要专项报告的编制。参与单位作为综合设计组组长及核心单位的补充，主要完成智慧城市、海绵城市、相关专题研究等任务。各成员单位按照综合设计的相关要求通力合作、互为补充，发挥各自优势，共同完成设计任务。

在具体的设计分工方面，地下空间部分综合设计方案由上海市政工程设计研究总院、中信建筑设计研究总院负责，上海市政工程设计研究总院牵头；初步设计由中信建筑设计研究总院负责，上海市政工程设计研究总院、中铁第四勘察设计院等配合，施工图设计及施工配合服务由中信建筑设计研究总院负责。

立体路网（含地下管网）部分，综合设计由上海市政工程设计研究总院、中信建筑设计研究总院负责，上海市政工程设计研究总院牵头，长江勘测规划设计研究有限责任公司、武汉市规划研究院配合。沿江大道初步设计由长江勘测规划设计研究有限责任公司负责，其他路网初步设计由上海市政工程设计研究总院负责，中信建筑设计研究总院、武汉市规划研究院配合。核心区域范围地下环路及与城市道路接口连通道口、中山大道的施工图设计及施工配合服务由上海市政工程设计研究总院负责；沿江大道施工图及配套服务由长江勘测规划设计研究有限责任公司负责；其他城市道路施工图设计及施工配合服务由中信建筑设计研究总院、武汉市规划研究院负责。

地铁及过江隧道专项设计由中铁第四勘察设计院负责完成综合设计方案、初步设计、施工图设计和施工配合服务。

有轨电车专项设计由上海市城市建设设计研究总院负责完成综合设计方案、初步设计、施工图设计和施工配合服务。

测绘及勘察专项由武汉市测绘研究院（武汉市勘察设计有限公司）负责完成与综合设计方案、初步设计、施工图设计和施工配合服务对应的测绘及勘察工作；中铁第四勘察设计院、长江勘测规划设计研究有限责任公司等配合地下空间、立体路网初步设计和施工图设计两阶段工作。

中信建筑设计研究总院金绍华副总建筑师介绍，为了保证各单位在规定时间按照规划要求完成设计，综合设计组在"统一设计"的初期，原则上每周召开技术协调会，沟通解决由于各专业交叉导致的设计问题；通过后期的成果协调会，把所有跨专业导致的工程矛盾在设计阶段消除。在公共投资项目的设计与建设阶段，汉口滨江国际商务区综合设计组发挥了重要的沟道协调作用，是

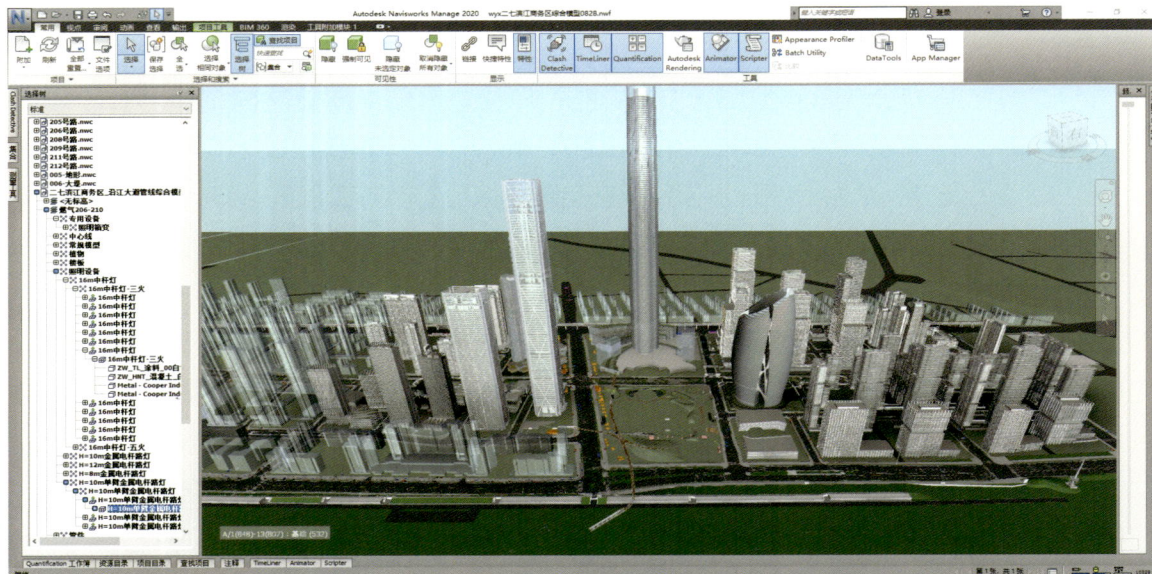

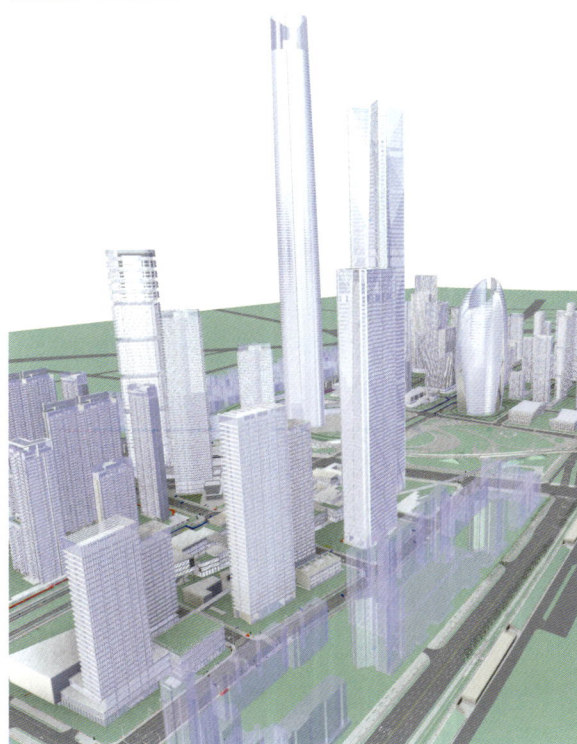

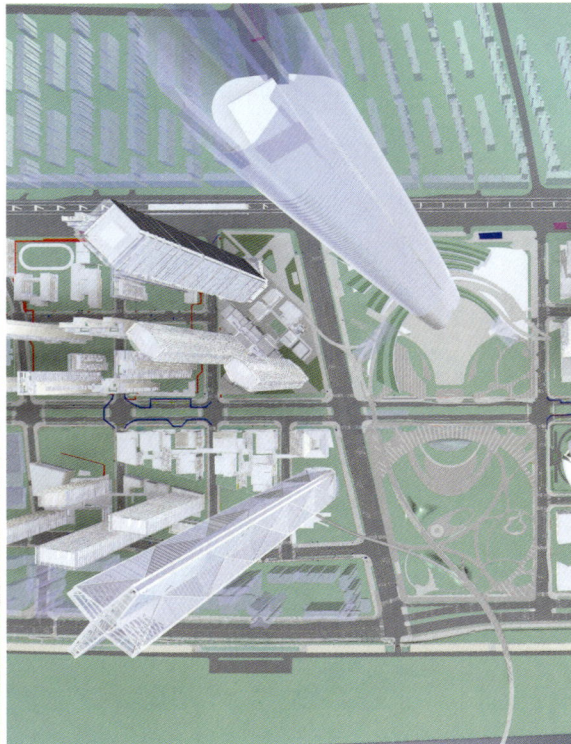

综合BIM模型
资料来源：中信建筑设计研究总院

业主、设计单位与施工图行业审查部门、审批部门、施工单位、沿线地块开发单位、管线权属单位等单位和部门的重要桥梁纽带。

金绍华认为，在设计联盟的统筹下，汉口滨江国际商务区的"统一设计"向前一步衔接规划，向后一步对接建设。必须使用精准的设计语言将规划阶段的理念向工程建设阶段进行传导和对接，才能保证规划的全面落地。在核心区的修规阶段，设计机构就和规划机构开始了跨领域、跨专业的紧密合作，这种"将规划尽量往后延伸，让设计尽早提前介入"的"统一规划、统一设计"工作模式，以及探索的"总设计师制度"，在国内大型片区整体建设中非常少见且具创新意义。

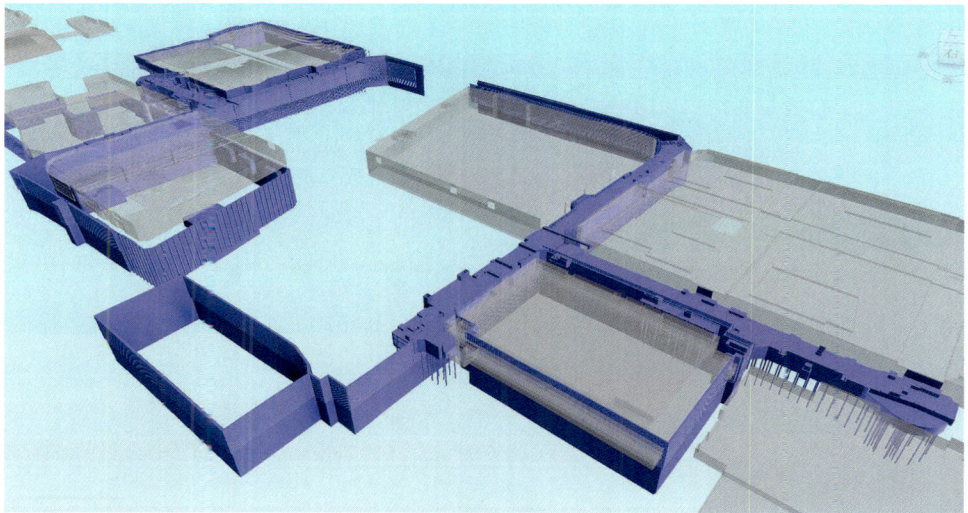

二七核心区地下环路
资料来源：中信建筑设计研究总院

沿江大道综合模型
资料来源：中信建筑设计研究总院

利用工程设计BIM平台，统筹复杂工程保障方案科学可行

根据规划方案，汉口滨江国际商务区二七核心区共规划了纵横交错的35条道路，连接轻轨1号线、商务楼宇、商业空间和江滩公园的Y形树桥，复合了地面绿地、地下交通、地下商业、综合管廊等多功能的中央公园地上和地下系统，轻轨1号线，地铁10号线、14号线在区域衔接，此外还有复杂的地下环路、江水源热泵系统、海绵城市等市政设施——大量的市政工程和建筑工程在核心区的地上、地下互相交叉，导致设计和施工的协调量巨大。

由于项目宏大且复杂，涉及多专业、多设计单位，例如电力、通信、燃气、给水设施由各职能部门下属设计院设计，地下环路、综合管廊、各地块的地下空间由不同的设计单位设计，而每个单位在进行自己专业设计的时候，往往会疏于考虑与其他专业的衔接。将各单位设计成果整合在一起时，难免由于各个设计专业之间衔接的疏忽导致各种问题。以二七路和解放大道交叉口为例，轻轨1号线的桥墩有转弯半径的要求，竖向上地面有公路、地下有地下环路和综合管廊，路面上有历史建筑需要避让，地铁14号线也规划修建在此处。如果按照以往各专业设计方案以二维图纸的方式各自保存、各自呈现，在这么复杂的区域很难做到设计信息的集成，难以避免施工时因为各专业设计内容冲突，影响施工进度。

汉口滨江国际商务区在工程设计的过程中，运用了工程设计BIM模型对各专项设计成果进行复杂的空间统筹，变"一张蓝图"为可视化的"立体模型"，同时呈现所有专业成果的空间集成关系，辅助汉口滨江国际商务区二七核心区建设全过程的工程管理，保持数字化设计与传统设计并行，使各专业之间的位置关系和衔接情况一目了然。

在工程设计阶段，搭建好的BIM模型辅助了汉口滨江国际商务区的大量综合设计协调工作。通过工程设计BIM平台的建设，将建设施工阶段可能出现的问题前置，动态修改、动态评估、动态反馈，通过多方案的动态模拟和比较，找到解决矛盾的最佳方案，避免了跨单位"背对背"的问题。例如在地上、地下出入口设置方面，通过一键展示各个出入口的分布和服务区覆盖情况，合理评估与其他交通方式的衔接转换距离，及时发现服务盲区；在设计出入口转换点的具体布局和开口方向时，模拟公共交通、机动车交通和慢行交通的运行情况，在提高出入口交通安全性的同时，减少各项交通方式之间的干扰；在进行地下空间、地下交通、市政管廊的综合设计时，根据地质勘测资料建立BIM模型，还原现状管线，辅助规划管线定位与现状管线迁改；个别道路受既有围墙、地下管线走向等限制，规划管线难以埋设，通过BIM技术综合展示各层地下空间的柱网排布，管线走向和坡度，地下道路线型、坡度、转弯点、与地下停车库的衔接点等，及时发现管线之间空间跨越的矛盾点、地下道路与管线的避让点、柱网形式转换点等，一目了然地展示方案中出现的交叉矛盾点，调整管线走向、坡度和埋深，保障各专业

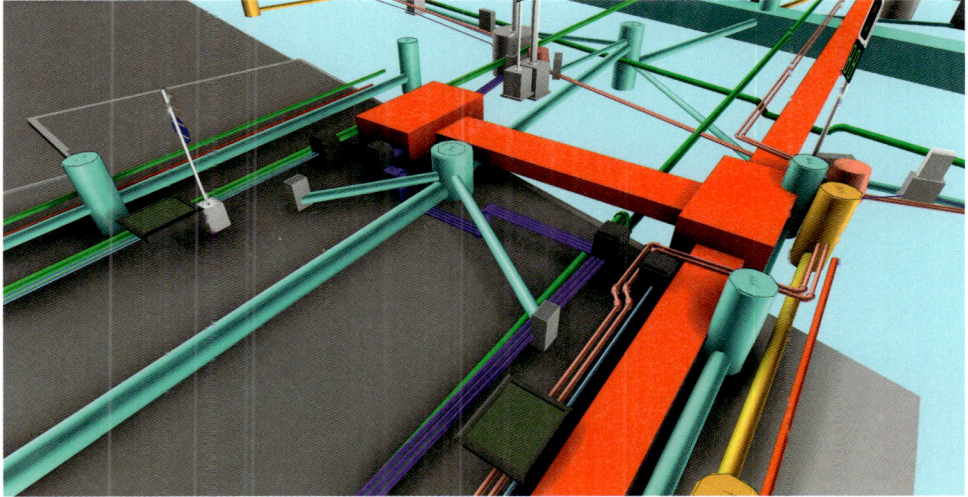

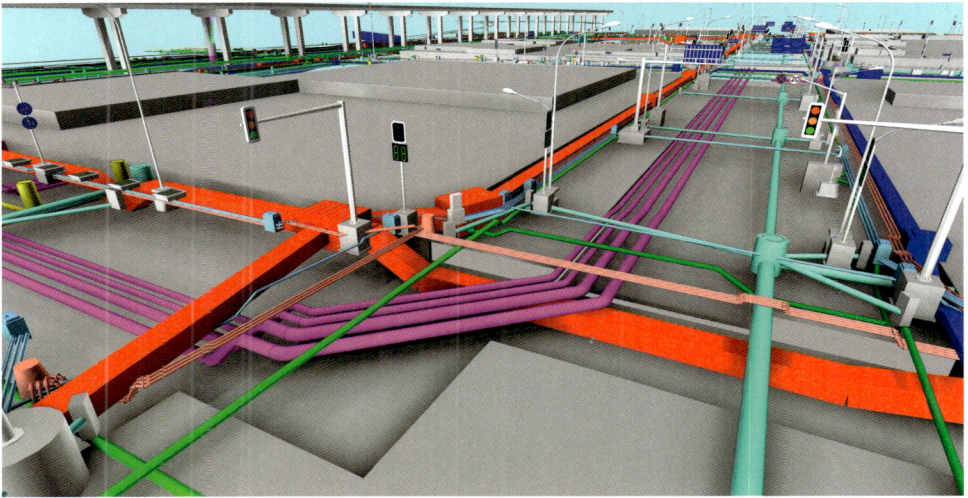

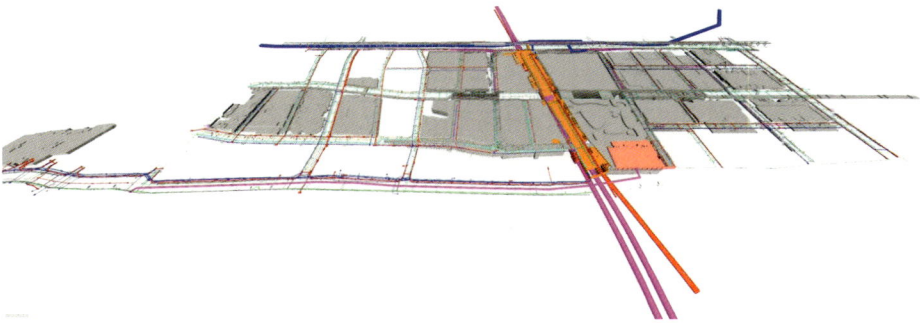

地下空间与市政管线模型
资料来源：中信建筑设计研究总院

管线的顺利实施；在地下商业空间的设计中，整体展示轨道站点站厅层与地下
商业空间的衔接与联系，统筹地下人行流线的组织、地下防火空间分区、地下
光庭和出入口设置、地下空间与地上建筑之间的垂直交通组织，以及地下商业
空间与地下停车之间的分区组织与联通关系，及时发现、有效避免地下空间的
封闭不合理，提高地下空间安全性、舒适性和可识别性。

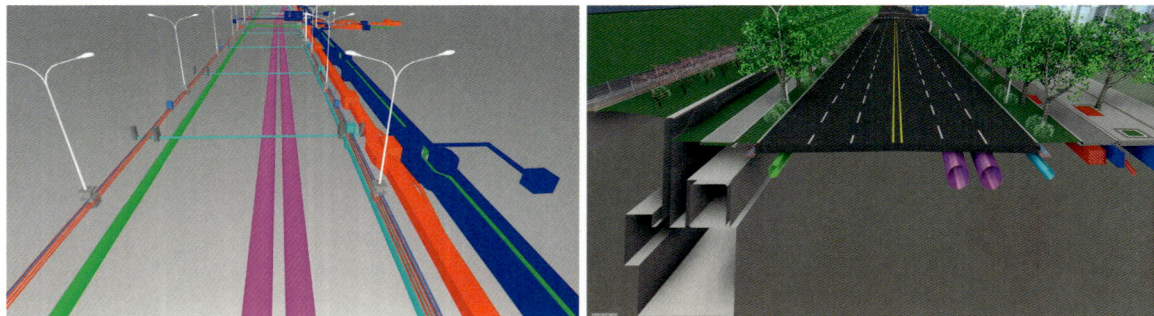

沿江大道管线模型
资料来源：中信建筑设计研究总院

在招商阶段，以BIM模型为载体，还可以辅助项目方案的比选和决策，为项目的管理审批提供支撑。将招商方案嵌入BIM模型，实时展示建设方案在汉口滨江国际商务区中的三维立体效果、各平面的高程及其与周边同层空间的衔接关系、地下交通与地下停车在区域中的组织模式等各方面，及时发现方案中存在的问题，快速反馈方案优化建议；在多方案比选中直观展示各个方案嵌入区域的整体效果，支持方案比选，帮助潜在招商企业更为直观地了解区域的发展目标和建设愿景，有效支持规划管理决策。

截至2021年，汉口滨江国际商务区一至三期道路全专业的市政管网、交通设施，解放大道现状管网，80%里程的地下环路、综合管廊、地铁、能源站，90%的地铁地下空间、道路、绿化、地形、地上建筑群等建设内容完成BIM模型搭建。汉口滨江国际商务区四期镇江路以南邦瑞街等7条路，全部交通设施、与四期道路相接的现状管网，40%的地下空间、道路等也实现了BIM模型的搭建；除权属单位管线以外的市政管网，也已经全部完成模型搭建。

汉口滨江国际商务区项目启动至2021年，BIM解决了通过函件或联席会反映的110余条问题，其中设计问题占比46%，多单位的设计协调占比51%。中信建筑设计研究总院BIM实施团队通过模型校核，以及跨专业、跨部门、跨单位的协商，实现多单位的设计协同，同时辅助项目复杂区域的方案分析，提升设计质量，提高决策效率，节省工期与成本，助力项目高质量建设。

第四章　土地营城：统一储备，统一招商

第1节　综合治理，提升区域土地价值

党的十九届五中全会对国家现代化治理体系和治理能力现代化作出一系列新部署，提出"综合治理"的理念。通过综合治理，不仅能完善社会治理的制度化渠道、强化规范的社会化行为，还能调节城市发展各利益相关体之间的利益关系，全面解决社会问题。超大城市是一个超大综合体，城市发展和经济活动的开展涉及土地、人口、产业、政策等多要素。我们必须将与城市发展相关的各个对象、各个阶段、各种属性的要素统筹成为一个综合性整体，推动城市的发展。

高质量、高水平编制的汉口滨江国际商务区实施性规划蓝图，只有依托成片的土地资源，才能形成功能产业的集聚，发挥规模效应；只有依托精准的产业招商，才能实现规划蓝图，保障规划真正落地实施。作为武汉首个重点功能区试验点，为扭转散点式储备、就地还建带来的项目倒逼规划、招商主导供应的被动局面，突破公共设施被动调整、不断挤压、难以实施的困境，空间、产业、市场供需错配的一系列问题，以及空间管控与市场需求错位、功能定位与产业发展错配、建设标准与管理水平难匹配等一系列问题，汉口滨江国际商务区坚持"综合治理"，突出规划引领，通过"统一储备、统一招商"的方式将土地储备、项目招商、土地供应在空间和时间维度上与规划、建设等环节进行统筹，确保重点功能区功能、品质以及土地的节约集约利用，最大化发挥土地效率，实现社会效益、经济效益和土地资产价值的多方共赢。

扭转分散化储备，以成片土地储备实现城市功能

土地是城市发展的载体，是城市生产生活、经济活动都离不开的稀缺资源。在2012年武汉市明确"两规合一"的编制与实施一体化规划体系前，武汉市的土地储备工作主要围绕主城内分散的旧城、旧厂、旧村改造来开展。受限于城市发展目标、经济水平、市场需求等多重因素的影响，服务于"三旧"改造项目的散点式储备方式，让城市的建设呈现"区区点火，处处冒烟"的状态，给城市也带来了发展重点不突出、城市资源配置分散、城市建设缺乏特色

等问题，加剧了地块开发对容积率的过度依赖，对提升城市整体功能与形象的作用有限。随着2008年《中华人民共和国城乡规划法》的出台和2010年《武汉城市总体规划（2010—2020年）》的获批，在2012年武汉市提出建设国家中心城市目标，为进一步提高土地资产经营管理水平和效率，武汉市人民政府印发了《关于进一步加强全市土地资产经营管理工作的意见》，要求充分发挥规划的引导和统筹作用，统一各项政策，实现全市土地资产经营一盘棋运作。

在这样的指导思想下，武汉市土地储备工作由以"三旧"改造为重点的散点式、多头储备走向以城市重点功能片区集中建设的成片连片储备，探索将不同产权主体、不同用地类型的用地以及难以独立开发的零星地块，与相邻用地进行成片整合利用，按照统一的规划方案整体开发供应，保障产业发展空间，促进产业项目的增资扩产。

汉口滨江国际商务区按照控制性详细规划单元，结合江岸区街道、社区行政事权范围，确定土地储备的空间范围，结合单元范围内的企业用地、城中村用地、社会居民用地分布现状，综合考虑资金筹措方式、项目实际投入的周期、城市功能落位和招商需求，合理制定土地储备方案，按照片区单元"统一储备、渐次推进"的原则分期进行商务区土地的滚动储备，并在整体片区储备范围内综合进行土地成本收益核算。

综合治理统筹空间和时间，以规划和储备的联动撬动规模效应

城市功能，特别是重点功能的实现，必须有规模效应的支撑。以规划为引领，科学合理地制定土地储备与供应计划，采取集中连片"统一储备"的方式进行土地储备，有效地解决了过去单宗地块腾挪有限、重经济指标轻功能、重单宗地开发轻资源配置等问题，是汉口滨江国际商务区实施性规划得以落地的前提。

为改变过去多头储备导致城市功能难以实现的问题，在汉口滨江国际商务区的土地储备过程中，确定市规划局下属的武汉市土地整理储备中心为该片区唯一储备主体，负责多种方式筹措资金，统筹片区内的土地储备和土地供应工作。在集中连片的土地资源上统一规划、整体布局，将相关城市功能落实到规划的土地供应单元中，统一建设功能区内的城市基础设施和公共服务设施，按规划要求落地，整体布局保障城市功能实现。

综合治理强化空间与时间的联动，降低协商成本，提高工作效率

汉口滨江国际商务区以集中成片储备的思路，统筹储备时序，压缩储备周期，以成片的土地储备和土地滚动供应，实现"时间—空间—资金"的闭环，为商务区的下一步建设争取了宝贵的时间和土地资源。完善土地收益管理，明确重点功能区土地收益金计提比例，实施财政征收封闭管理，实现二地净收益扣除计提部分后，专项用于汉口滨江商务区基础设施建设和土地开发的资金平衡。

通过土地的统一储备，既能保证城市功能和公众利益的实现，又能将功能区内各类建设用地结合土地平衡和经济测算精细划定功能配置区域，进行配套的开发建设，满足资金流转的需求。以综合治理为理念进行统一储备，保证土地征收进度，也妥善解决了被征收户安置等民生问题，是汉口滨江国际商务区实施性规划顺利落地的坚实基础。在资金的使用方面，汉口滨江国际商务区由分散投入改为集中投入，便于土地和空间资源的整体投入、整体设计、集中建设。通过统一储备，将拆迁安置、道路交通及水电路气等各类建设资金统一集中投放、整合使用，避免了资金的重复投入和建设空间的反复开挖。

综合统筹土地供应和招商建设，整体开发提升土地资产价值

统一储备让汉口滨江国际商务区能在相对完整的范围内实现资源的统筹配置，科学有序地安排基础设施建设、经营用地的出让和建设，实现资源配置最优化。通过成片储备，汉口滨江国际商务区解决了以前各类建设项目多头管理、多头施工、工期不统一、各自为政的局面，降低了建设难度，缩短了建设周期。

通过前期土地的整体储备、集中建设，在汉口滨江国际商务区进入土地供应阶段时，提供给企业的是征收拆迁完毕、土地平整和基础设施建设完成的高品质、高附加值净地，企业可以直接投入地块项目建设，极大压缩了企业自身项目的建设周期，减小了其资金成本压力，进一步放大了地块的资产价值。

综合研判市场需求，规划和招商联动，保障产业落位

汉口滨江国际商务区二七核心区以聚集高端现代服务业国际企业总部、地区企业总部的总部型商务区为产业规划目标。实现这样的产业落位，需要以

"统一招商"为思路，综合城市功能、产业需求、企业需求和市场需求，打造一个有利于区域发展的产业生态体系，实现各种功能的最佳配置，形成邻近产业之间的互相协作和支撑。

为了保障产业精准落地，汉口滨江国际商务区二七核心区在规划阶段就通过产业策划专题，以城市功能明确区域产业布局；通过招商务虚会，锁定招商目标企业对商务区选址布局、产业联动、建设标准、空间环境的需求，并反馈到规划的编制和功能产业的策划中，对规划方案进行动态优化，以推动区域产业规模化、招商精准化的实现。对200米以上的楼宇进行策划包装，分阶段、有针对性地进行实质性招商谈判，提供相对集中的土地供应，为实施新型开发建设模式创造条件。以城市功能、空间品质、产业生态的不断提升，实现城市服务于人民福祉的追求。

第2节　统一储备，助力城市功能实现

按照"市区联动、集中连片"的方式，市规划局与江岸区政府形成合力，发挥各自特长，共同推进汉口滨江国际商务区的整体土地储备工作。将武汉市土地整理储备中心前期已储备的江岸车辆厂宗地、整体置换的铁路用地与紧邻的周边旧城、旧村、旧厂等各类零散用地进行全面整合，集中连片分期开展土地储备。发挥规划对土地储备计划及供应计划的引领作用，在保障城市功能实现和品质提升的同时，实现汉口滨江国际商务区所在区域土地价值的提升。

以单一储备主体进行土地储备，实现功能区成片储备、整体打造

汉口滨江国际商务区所在区域为汉口传统老工业基地，曾经林立着各种规模的工业企业，也是产业工人的生活居住区。这片宝贵的滨江土地资源区域权属复杂、功能混杂：有武汉铁路局江岸站场、中车集团江岸车辆厂、市无线电五厂等工业企业；有福建村、转车楼一村、徐州一村、徐州二村等老旧社区和解放大道沿线的自建住宅区，住户多为厂矿企业职工，收入低、居住环境差；同时区域内还涉及连城村、红桥村和丹水池村等城中村集体建设用地。

随着江岸车辆厂等大型企业的搬迁，这片土地现有功能已经不适应城市发展的需求。政府决定对这片区域的旧城、旧厂、旧村土地进行土地收储。然而在此之前，汉口滨江国际商务区

所在的土地，有武汉地铁集团、武汉地产集团等多个国有储备主体，分头开展不同地块的储备工作。由于各储备主体安排土地收储时间以及所需目标收益的不同，各储备主体往往注重自身地块的储备，忽略对紧邻地块的储备整合，这种零星分散地块的土地储备空间整合能力有限，不利于功能区整体功能的打造和公共设施的落地建设。基于此，经市政府研究决定，明确以市规划局下属的武汉市土地整理储备中心为唯一的土地储备主体，采取"统一储备"方式对汉口滨江国际商务区土地进行整体储备。

"统一储备"改变了以前多主体储备、分散土地储备的模式，破解了过往分散储备导致建设空间缺乏规模效应、核心城市功能难以实现的难题。武汉市土地整理储备中心作为市级储备主体，在土地储备、开发和供应的过程中，统筹政府、企业、社会、市民各方需求，多途径筹措储备资金，解决过去多头储备产生的资金分散、影响土地储备推进效率的问题，极大地降低了土地储备过程中负面的社会效应。

"统一储备"打破不同储备主体和储备对象的界限，通过单一储备主体实现片区的整体储备，以空间的腾挪让城市功能和产业集中布局成为可能，为汉口滨江国际商务区规划"一张蓝图干到底"打下了坚实基础。

"市区联动"，形成储备合力

在汉口滨江国际商务区储备工作正式启动之前，市规划局与江岸区政府通过"市区联动"的工作方式，多次召开规划实施专题会，共同研究土地储备过程中实施机制、还建安排、资金跟进、储备方案、征收拆迁安置等一系列工作，为后期土地储备工作的开展奠定良好的基础。在2013年4月汉口滨江国际商务区的储备工作正式启动后，市规划局与江岸区政府，以目标和问题为导向，综合运用市场、经济、法律手段，明确激励政策，调动各方参与积极性，使得汉口滨江国际商务区的土地储备工作顺利推进。

在"市区联动"的土地储备协同工作中，市规划局负责商务区储备土地范围划定、规划条件的设定、拟定储备供应计划及相关政策措施、办理储备土地登记发证等工作；江岸区政府负责组织实施商务区内土地储备涉及的征地、房屋征收和补偿安置、控制和查处违法建设与乱倒渣土行为，协调土地储备和供应工作中的纠纷、诉讼和维稳等工作。

武汉市土地整理储备中心作为市规划局下属单位，在市规划局的领导下，承担商务区的土地储备具体实施工作，包括多途径筹措储备资金，开展土地招商、土地供应、项目策划等工作。

　　武汉市土地整理储备中心负责人李全春介绍，在商务区土地储备过程中，储备中心深入商务区内江岸车辆厂、铁路局等大型国有企业土地的储备工作一线，及时解决还建用地的土地储备等问题，帮助商务区外迁的企业实现外迁用地的无缝对接，确保商务区土地储备的进展；除了完成储备的日常工作外，还积极推进规划、不动产权籍调查办证等工作，保证城市功能落地和不动产权籍清晰，让储备土地具备入市的条件；同时对接江岸区政府及其下属委办局，行使储备阶段的督促、指导、协调职责，确保征收和储备工作的顺利开展，并解决储备过程中存在的问题。通过对商务区土地储备的资金成本投入、土地征收、土地开发整理等各储备环节的全程把控，武汉市土地整理储备中心迅速完成商务区内江岸车辆厂、铁路局等大型国有企业1000余亩土地的储备工作，为实现商务区土地资源的"统一储备"奠定了基础。

　　武汉市自然资源和规划局江岸分局从江岸区的发展需求出发，主动做好市规划局和区政府的衔接工作，组织"市区联动"联席会议，承担还建项目的日常规划管理工作。

　　在"市区联动"机制的分工中，江岸区政府作为汉口滨江国际商务区房屋征收主体，统筹调度江岸区各委办局、相关街道办事处在储备过程的不同阶段，充分发挥各自部门职责，调动现有资源，对接征收拆迁安置中居民对民政、教育、就业、补偿安置等各方面需求。江岸区城区改造更新局（原江岸区城乡统筹发展工作办公室）主要负责房屋征收拆迁工作现场的政策指导，对接市规划局相关处室、武汉市土地整理储备中心，并且主要负责和区域内相关企业、各职能单位等部门就储备中遇到的问题进行协调解决。

通过联席会议制度，高效推进储备工作

　　为统筹储备进度，更高效、快速地推进汉口滨江国际商务区的储备工作，市规划局与江岸区政府以"联席会议"的方式形成例会制度，坚持问题导向，及时解决土地储备过程中出现各种问题，将储备进度、还建安排、资金调度、拆迁维稳等一系列问题集中讨论，协同解决。

　　坚持问题导向。"市区联动"的联席会议制度分为三个层级，分别为不同导向的问题提供精准的解决方案。由市规划局、江岸区政府主要领导召开"决策层"联席会议，对汉口滨江国际商务区储备过程中的重大事项定方向、定原则、定目标。由市规划局相关处室、江岸区各职能部门、街道联合召开"实施层"联席会议，承上启下，研究落实"决策层"联席会议的工作要求和工作任务。承上，商讨需上报"决策层"联席会议决策的问题；启下，参加"执行层"联席会议，完成各种重要政策导向、信息的传达和对接，并对街道和征收代办机构进行相关政策的指导。街道和征收代办机构召开"执行层"联席会议，落实执行决策意见，并就征收拆迁

的日常工作，随时进行碰头会议，讨论解决方案、汇总问题上报。

完善信息报送机制。为保证征收进度，配置专门人员负责逐日统计征收信息数据，并将数据汇总向参与征收的所有市、区领导和相关单位发布。征收进度数据做到每日一更新，定期总结导致征收进度放缓的问题，查找并核实原因，并由对应的职能部门负责及时解决问题，整体推进征收进度。

在市规划局与江岸区政府目标明确的协同合作下，汉口滨江国际商务区的征收工作快速推进，目前一至五期征收拆迁安置工作已全部完成。其中2013年4月到2015年12月完成商务区一至四期1390余亩储备土地上的征收工作；2017年7月完成五期380余亩储备土地上征收工作，并全面启动六期860余亩储备土地征收工作。

汉口滨江国际商务区的土地储备项目，是武汉市土地整理储备中心成立以来，成片储备用地规模最大、项目协调量最大、推进速度最快、累计投入资金密度最高的储备项目，为未来的土地成片储备提供了宝贵的实践经验。

规划和储备联动，有序推进土地储备

以规划为城市谋划功能产业的转型和城市品质的提升，以土地储备为规划的落地提供土地资源和空间的保障，规划和储备相辅相成、互相促进，是汉口滨江国际商务区规划蓝图得以实现的前提。在规划方案固化后，以规划为龙头，在空间和时间上引导储备的方向和布局，与此同时，储备的快速推进又反过来推动规划的实施——无论从宏观还是微观角度，规划和储备都在汉口滨江国际商务区得到了充分的联动，形成了无缝的对接，实现规划和土地储备的良性循环。汉口滨江国际商务区的储备，以超高的征收效率，实现了"地等项目""地等建设"，为商务区的招商和建设提供了充分的土地保障。

在规划的引领下，商务区从南往北划分为一至七期持续、分期地推进土地储备工作。在土地储备过程中，统筹考虑经营性用地、区域内基础设施和公共服务设施用地需求和建设难易度，合理调度储备进度。

按照"保重点功能、保设施建设"的原则，市、区政府集中力量加大规划标志性中心塔楼地块等重点招商项目的土地储备征收工作力度，积极组织调度，快速完成土地收储和拆迁工作，确保重点商务功能地块达到供应条件，如期投入供应；同时为基础设施和公共服务设施的建设优先提供施工断面，确保市政道路、工人之路、江水源能源站等建设需要。在商务区二七核心区的城市设计中，公共空间的重点项目中央公园所在的地块，原为两家企业自用地，为保障城市绿地和公共空间功能，武汉市土地整理储备中心主动对接企业开展土地储备工作，经过多轮协商，确定以土地交换方式实施储备，完成中央公园所在地块储备工作，实现了中央公园的顺利落位。

汉口滨江国际商务区的土地储备工作，以商务区基础设施和商务核心功能的实现为指导，实施统一储备，并按照规划建设计划，为招商和建设预留了时间和空间，保障商务区功能的快速显现。在汉口滨江国际商务区的规划实施过程中，储备和规划联动，以城市功能和品质的提升、公共利益的实现为首要考量，无缝对接招商和建设，形成合力，为城市"补短板"，打造了城市新名片，让老工业基地焕发新的活力。

以人为本，多元安置方案解决还建难题

习近平总书记指出，住房问题既是民生问题也是发展问题，关系千家万户切身利益，关系人民安居乐业，关系经济社会发展全局，关系社会和谐稳定。汉口滨江国际商务区的征收拆迁安置工作，始终坚持以人民为中心的发展思想，有温度、多途径、多方案地解决好征收拆迁安置问题，充分保障拆迁群众的生产生活。

为解决汉口滨江国际商务区所在片区的征收拆迁安置问题，市规划局与江岸区政府早在土地储备工作启动前，多次在规划实施专题会上对还建房建设工作进行专题研究和讨论，统筹安排还建房选址、供地和建设等各项工作，全面研究被征收户对还建房的需求，积极妥善解决问题。

市规划局副局长周强介绍，针对居民房屋的征收拆迁和还建安置这一难题，要求站在被征收户的角度，真正把拆迁群众的事当大事、当家事、当自己的事来干，用心用情做好拆迁群众生产生活安置工作。市规划局提出了三项措施解决还建安置问题：一是将功能区所属行政区保障房计划与功能区改造捆绑，定向销售给被拆迁居民中的低收入人群，既破解了功能区还建房源不足的问题，又使保障房建设效益最大化；二是收购适配的建设质量过硬、价格适宜的商品房实施就近安置，按照被征收房屋与产权调换房屋的市场价值结算差价；三是建立跨区域安置补偿机制，吸引被征收人群转移到交通条件便利、生活配套完善的区域生活。除此之外，还开辟了对接汉口滨江国际商务区还建房项目的快速审批通道，提高还建项目审批时效，进一步保障了商务区的还建安置效率。

汉口滨江国际商务区的征收拆迁安置工作，改变了以往先拆迁后安置导致居民在过渡期生活不便的状况，提前部署多元化的安置措施，满足不同居民的安置需求，按照先安置后拆迁的原则，妥善解决了包括清真寺还建安置在内的征收拆迁安置难题。同时，还建房的选择以

就近为主，让原居民不仅能拥有"看得见的乡愁"，而且能够共享城市因为功能转变所带来的建设成果，在未来能够享受在汉口滨江国际商务区就近就业的便利。

联动土地供应，提升区域价值

通过统一储备，汉口滨江国际商务区在2014年年底基本完成一期、三期、三-1期土地征收工作后，在2015年，邻近武汉天地御江璟城小区的汉口滨江国际商务区C片地块作为商务区第一块土地投入土地交易市场，引发市场关注，该地块即被华发首府拍下，公众的目标迅速聚焦到长江之畔的汉口滨江国际商务区；市场的反响、储备和供应、时间和资金形成的闭环，也为政府持续投入汉口滨江国际商务区的建设带来了巨大的信心。

第3节　统一招商，精准落实主体功能

通过"规划与招商互动"的方式，市规划局与江岸区政府形成"统一招商"合力，以落实商务区主体规划功能为目标，调动优势力量，合作招商、以商招商，保证汉口滨江国际商务区二七核心区金融、保险业企业总部核心功能的落位。

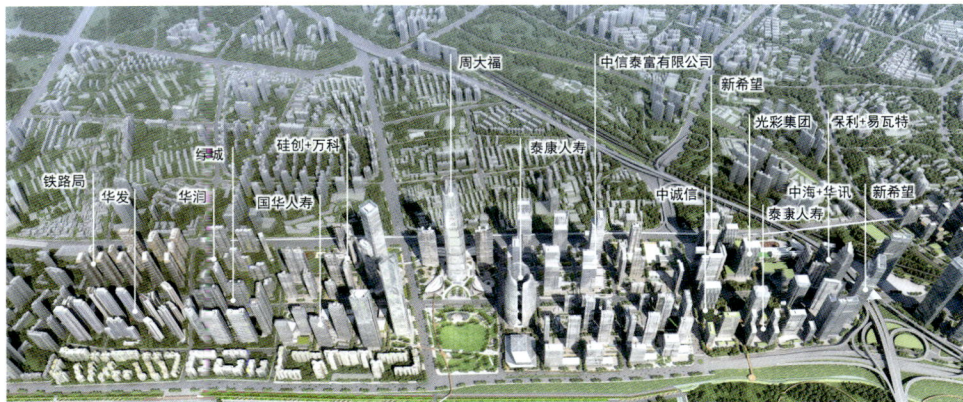

招商入驻企业示意图
资料来源：武汉市自然资源保护利用中心

周大福金融中心示意图
资料来源：武汉市自然资源和规划局

通过市区联合"统一招商"，从2015年开始，周大福、中信泰富、国华人寿、泰康人寿、硅创等20多家全国性和区域性企业区域总部陆续落户在汉口滨江国际商务区二七核心区。一座聚集着金融、保险业总部，及其上下游全产业链的高端现代服务业商务区，正在长江左岸的汉口滨江拔地而起。

统一招商方面，采取"合作招商、以商招商"的精准招商模式落实主体功能。在招商工作中，中心积极配合市规划局、江岸区政府搭建市区联合招商平台，并提供全过程技术支撑服务。

"市区联动"，全程服务，合力保障招商成果

基于对汉口滨江国际商务区规划目标的一致认同，市规划局与江岸区政府形成了高效的"市区联动"工作机制，将"统一招商"的工作思路贯穿在规划编制、土地供应、建设运营等规划实施的全周期各环节中。江岸区政府作为招商责任主体，联合市规划局、市商务局等市区相关部门成立共同的招商推介平台。

规划编制阶段，开门规划，将招商工作前置到规划编制环节。在实施规划的编制过程中，中心积极联系武汉市土地整理储备中心、江岸区招商局等部门，提前开展项目预招商活动，邀请全国排名前50的优质开发企业，召开汉口滨江国际商务区规划方案的招商对接会，讲解汉口滨江国际商务区规划理念、规划方案、管控要求，发放产业需求调查表格，积极对接市场需求。通过与企业的沟通互动，一方面在筛选目标企业的同时结合产业需求优化完善规划方案，另一方面对汉口滨江国际商务区起到了很好的宣传、推广作用，提升了企业和公众对商务区以高端现代服务业为产业之核、带动城市发展的期待。

市规划局结合规划方案招商对接会的反馈，经过深入研究，决定以城市功能的实现为导向，率先出让核心区475米标志性超高层塔楼所在的地块。希望通过标志性超高层塔楼地块招商的顺利落地，提升市场对汉口滨江区域的认可度，对后期其他地块的招商工作起到带动引领作用。

2015年7月，周大福拿下核心区475米中心塔楼地块，为汉口滨江国际商务区的招商实现了"开门红"。武汉也成为广州、天津之后，全国第三个周大福布局超高层"金融中心"的城市。随着周大福的成功引入，商务区的招商目标更加清晰，招商对象进一步锁定到金融、银行、保险、投资运营产业及其配套的上下游产业，和品质与之匹配的商业品牌。

在土地供应阶段，精准对接，指导土地有序供应。武汉市土地整理储备中心结合市场可接

泰康在线总部示意图
资料来源：武汉市自然资源和规划局

国华人寿示意图
资料来源：武汉市自然资源和规划局

受的投资开发规模，以60～80亩为单元划定了土地供应单元，并提供了多个项目开发包组合模式供开发企业选择。在开发包制定中，强调经济可行性，并合理捆绑配套设施建设，为后期顺利招商提供了基础保障。

在建设运营阶段，江岸区政府作为招商责任主体，采取区领导"一对一"伴随式服务，为每一个落户汉口滨江国际商务区建设中的重大项目提供后续服务，由区级领导负责跟踪项目进度，定期解决项目中存在的问题，为项目如期交付保驾护航。

汉口滨江国际商务区管理委员会主任陈欣介绍，针对银行对接、道路修建等问题，商务区管理委员会积极协助企业协调市直部门解决问题，快速推进项目建设进度，为企业提供良好的后续服务和营商环境。区主要领导带领专门招商的团队，赴北京、上海、广州等地上门招商、以商招商，大力推介汉口滨江国际商务区，尤其是对商务楼宇进行重点招商推介。

精准招商，以商招商，形成产业聚集

汉口滨江国际商务区的产业落位，不仅有助于武汉市城市能级的提升，而且助力江岸区高端高新、集群集聚"531"现代产业体系的实现。在江岸区政府制定的"531"现代产业体系规划中，"5"是金融保险、创意设计、商贸物流、文化旅游、生态环保五大主导产业，"3"是生命健康、数字经济、人工智能三大战略性新兴产业，"1"是着力发展楼宇经济、总部经济。其中的"5"和"1"，在未来都必须以汉口滨江国际商务区的产业落位来实现。

在招商过程中，江岸区政府围绕商务区主体功能，邀请高水平的产业策划团队，通过对行业的分析，将招商目标锁定在金融、保险总部企业，制定招商重点产业指导目录和重点招商项目库，列出明确的招商目标清单；三动对接潜在开发机构，多次召开意向投资企业座谈会，了解不同层级、不同类型企业的投资要求与投资偏好；同时，充分发挥区政府与市场的黏合剂作用，吸引具有影响力的优质企业，以商招商、以产业链招商。

目前落位汉口滨江国际商务区二七核心区的龙头企业中信泰富，是招商团队主动出击、以商招商的典范。经过前期的产业分析，在中信集团下属的中信泰富被确定为汉口滨江国际商务区的潜在招商对象后，市规划局主动接洽中信泰富，详细推荐商务区的规划蓝图。中信泰富对汉口滨江国际商务区的规划定位和建设前景非常认同，于是上报给中信集团并得到认可。经过双方的进一步沟通，招商团队了解到，中信集团下属有金融、银行、投资、建设公司等相关产业和众多上下游产业链的供应商与合作伙伴，可以发挥丰富的产业资源优势，为汉口滨江国际商务区进一步招商，以商招商，形成产业聚集效应。这既满足中信泰富自身的发展需要，也能帮助汉口滨江国际商务区实现产业规划目标，实现共赢。

自2014年起，中信泰富积极与市规划局洽谈研究商务区发展和开发计划，拟在商务区总体定位的基础上，借助中信集团的产业优势引进保险产业集群，构建"保险+"的新型城市功能区，形成跨国公司区域总部集聚地。为实现商业、商务功能的全面导入，汉口滨江国际商务区供应给中信泰富的六个地块，将通过"以商招商"的方式，引进金融、保险等行业的多家头部企业，以及相关行业跨国企业进驻，实现商务区的高端产业功能的落位；以国际化现代商务集聚区的打造，助力武汉城市能级的提升。

从2015年7月28日汉口滨江国际商务区二七核心区首宗土地周大福金融中心所在地块成功揭牌，到2017年3月21日核心区最后一宗土地被泰康人寿成功摘牌，历时两年时间，商务区二七核心区土地全面出让，并成功引入周大福、华发集团、美国金融企业集团、中信泰富、国华人寿、泰康人寿等多家知名企业（含世界500强的全国性企业区域总部）参与片区开发，建设13栋200米以上超高层商务楼宇。

基于核心区招商成果的带动作用，多家国内知名企业看好商务区五、六期的发展前景，纷纷表示对商务区五、六期等后期地块的强烈投资意向，希望参与到汉口滨江国际商务区现代化服务业的产业升级中，共同为长江左岸打造高质量产业集群，推进城市的高质量发展。

第五章　建设筑城：统一建设，统一运营

第1节　系统治理，提升服务效能

城市从来都是一个统一的生命有机体。作为一个庞大的系统，从规划、建设到生长，城市生命周期的每一个步骤都互相影响、互相关联、互相制约。

习近平总书记在2015年的中央城市工作会议上提出，"城市工作要树立系统思维，从构成城市诸多要素、结构、功能等方面入手，对事关城市发展的重大问题进行深入研究和周密部署，系统推进各方面工作"。城市建设工作的系统性体现在，如果在工作前端出现缺陷，那么必然在后端引发一系列问题，这些问题往往无法逆转和难以解决。在党的十九届四中全会对推进国家治理体系和治理能力现代化提出的总体要求中，加强系统治理被写入其中。

为了保证项目高质量落地，在汉口滨江国际商务区二七核心区规划实施推进的过程中，以系统治理的思维，统筹基础设施建设涉及的多专业不同类型工程的多头建设，协调基础设施建设和各开发主体建设断面、建设进度、建设时序，是商务核心区"统一建设"顺利进行的保障。汉口滨江国际商务区将系统思维运用在后期的"统一运营"中，在核心区全面建成并投入使用后，政府、企业、个人共同参与区域的物业管理和资产运营中，数字智慧手段也将全方位运用到核心区的运营管理中，全方面提升区域的服务品质，实现汉口滨江国际商务区全生命周期的长效运营。

以系统治理思维周密部署，统筹各专业推进建设。在以往的城市建设过程中，由于市政建设各职能部门工作安排和进度不同，导致城市路面反复开挖、资金反复投入，造成超长工期和城市资源的无谓浪费。汉口滨江国际商务区在建设过程中，坚持系统治理，在前期对施工过程中可能遇到的问题进行深入研究判断、周密部署，统筹安排核心区的施工建设项目计划。

以系统治理思维梳理时间空间关系，安排建设时序。系统忙谋划土地开发时序和各类工程建设的空间、时间关系，形成规划引导下的土地供应、招商引资和建设实施对接。在系统治理思维下搭建政府、企业、市场共同参与的共建平台，政府统筹制定规则，企业参与实施基建，市场进场开发土地，通过合理划分施工单元、整体安排建设时序，全面统筹施工技术管理、资源管理、安全管理、环境管理，提前预留企业施工接口，合理分工，共建共享，保障区域建设安全，实现完工一片、交付一片、运营一片。

以系统治理思维整合物业和资产运营，实现长期持续城市运营。为了改变既往片区开发中重建设、轻运营，因运营低效、服务冗繁、头重脚轻影响企业落户效率等问题，汉口滨江国际商务区二七核心区在统一运营中，从系统治理的角度出发，整体统筹物业服务和片区资产运营，以"大物业、大管家"的模式，通过长期运营，实现相对较长周期的投入回报平衡，形成"微利可持续"的市场化服务机制，支撑核心区的高水平管理，保证区域品质持续提升，功能持续完善。

第2节　统一建设，单元有序推进，节约建设周期和建设成本

2017年，汉口滨江国际商务区二七核心区进入全面建设阶段，市政府明确商务区的土地储备收益专款专用于汉口滨江国际商务区的基础设施建设。这是一个涵盖市政道路、地下环路、地下空间、综合管廊、景观绿化、公共服务设施，引入先进的智慧城市及海绵城市理念

建设中的商务区（2022年9月）
资料来源：武汉市自然资源保护利用中心项目组

的超级综合工程。出于工程统筹和空间统筹，尤其是地下空间一体化建设的考虑，汉口滨江国际商务区二七核心区以"统一建设"为工作原则，保障区域的精细化建设和项目的高质量落地。

时任武汉二零四九投资发展有限公司（现武汉设计咨询集团有限公司）董事长余翔介绍，汉口滨江国际商务区在建设中始终坚持"以人为本"，在实践中创新提出"五方共责"的组织机制，推进系统化、精细化建设，实现了机动车路面"0井盖"、沿江大道原有乔木"0移位"、地下环路与地下停车库"0距离"，用高品质建设保障高质量发展。

采用PPP模式，保证高品质、高标准、高效率建设一体化推进

高水平的规划，必须有高质量的建设，才能保证规划实施效果的完美呈现。以"功能产业与空间布局一体化、地上地下一体化、交通市政景观一体化"为思路规划设计的汉口滨江国际商务区，从地下到地面的立体城市，涉及多专业工程交叉，建设内容复杂且宏大。

仅基础设施而言，核心区的建设内容就包括总长达22公里的市政道路，其中沿江大道作为长江主轴左岸大道示范段，对标国内外先进城市景观道路建设标准；80亩中央公园、公园上方700米城市树桥、3.25万平方米地下商业、公共服务配套和公共停车场的一体化开发，成就区域城市功能和空间品质的统一建设。

总建筑面积达125万平方米的核心区地下空间，涵盖了商业、休闲、交通市政、停车等功能。一条首尾相连近4.3公里的地下环廊，单向三车道环路主线全长约1.8公里，匝道总长约2.5公里，有8条接地匝道与地面车流无缝衔接，有11处通向核心区各个地块的出入口。一条总长达5公里的地下综合管廊，合理布置于中山大道等道路下方，集中纳入给水、供能、电力、通信等市政管线。一座集中式江水源能源站的建设，确保城市实现绿色低碳、韧性安全的高质量发展需要。

为保证项目高水平、高质量、高效率建成，按照武汉市委、市政府的工作部署，汉口滨江国际商务区二七核心区的建设工作由市规划局牵头，以武汉设计咨询集团有限公司（原武汉二零四九集团有限公司）作为实施主体，通过引入优质社会资本，组建PPP公司，按照配套和开发同步的思路，以"先配套后开发、先地下后地上"的建设方式，实现核心区基础设施的统一建设。

PPP（Private-Public Partnership）模式，指政府、营利性企业和非营利性企业形成相互合作关系，各自发挥优势，共同推进城市基础设施建设的合

作模式。在运行顺利的前提下，PPP模式既能节约项目的建设和经营成本，又能保证公共服务质量。汉口滨江国际商务区二七核心区的PPP模式，由武汉设计咨询集团有限公司作为政府方出资代表，引进优质资产企业，共同组建项目公司，推进商务区基础设施项目统一建设。

汉口滨江国际商务区在建设过程中，基础设施建设分为基础设施PPP、综合管廊PPP和江水源能源站三个项目。其中，基础设施PPP项目的建设内容包含商务区一至六期范围内40余条市政道路、核心区地下环形道路、中央公园、生态人行树桥，以及地下公共停车场、智慧商务区和海绵城市等子项工程。该项目由市规划局牵头作为项目实施机构，武汉设计咨询集团有限公司作为政府出资代表，联合中信泰富、中建三局共同投资建设。

综合管廊PPP项目建设内容包含5公里长地下综合管廊和控制中心等配套设施，集中纳入电力、给水、通信、供能等市政管线。该项目由市规划局作为项目实施机构，武汉设计咨询集团有限公司作为政府出资代表，联合中建三局、中铁六局、湖北宏泰共同投资建设。项目于2020年10月正式开工，建成后运营期为22年，可有效解决市政管线施工空间紧张、后期重复开挖等问题，为商务区管网系统正常运行提供有力保障。

江水源能源站项目建设内容包含中央公园下方占地约1.2万平方米站房、江滩取退水工程以及送能输配水工程等配套设施。项目由武汉设计咨询集团有限公司联合中石化、长江勘测规划设计研究有限责任公司共同投资建设，于2020年10月开工建设，已经在2022年达到供能条件，在未来可以为汉口滨江国际商务区约210万平方米建筑提供制冷供热服务。

汉口滨江国际商务区一至五期基础设施图
资料来源：武汉设计咨询集团有限公司

"五方共责"工作机制为建设提供有力制度保障

不论是规划、建设还是管理，都要严把安全关、质量关；规划和建设要强化有关安全的强制性标准和要求，全面落实工程质量责任，明确建设、勘察、设计、施工、监理等五方面主体质量安全责任，加强工程建设全过程质量安全监管，落实安全责任终身追责制。

为发挥制度优势、夯实制度基础，市规划局建立月度工作例会制度，统筹调度各项目建设工程进度。武汉设计咨询集团有限公司、汉口滨江国际商务区管理委员会、武汉滨汇基础设施建设发展有限公司等项目公司、设计联盟及中建三局等施工总承包单位，贯彻执行"五方共责"工作机制，明确各环节职责分工。

传统建筑工程项目一般是以建设单位、监理单位、施工单位、设计单位、勘察单位为五方责任主体单位，但在汉口滨江国际商务区二七核心区的统一建设中创造了新的"五方共责"工作机制，覆盖建设相关的五个方面。武汉设计咨询集团有限公司受市规划局委托，作为规划方代表，是五方的牵头单位，负责协调推进项目重大难点问题；汉口滨江国际商务区管委会作为代表江岸区政府的统筹部门，负责协调区域拆迁和工程交叉施工等工作；项目公司为建设业主，负责投融资、建设、运营、维护、移交等工作；以中信建筑设计研究总院牵头的设计联盟作为综合设计单位，负责项目设计总体性、完整性和统一性，保证设计原则贯穿工程实施全过程；中建三局作为施工总承包单位，负责统筹现场各环节施工流程合理衔接推进，保障建设计划落地落实。各机构除需履行传统"五方共责"所规定的职责外，还需要在汉口滨江国际商务区核心区"五方共责"工作机制下，明确各自职责和任务，发挥各自专长和作用，以系统性思维协同合作，共同推进核心区高效率、高质量建设。

为加强五方协调沟通，基础设施建设自动工之初，便组建了现场指挥部，时至今日，已经逐步形成了"市区联动，参建各方共同参与"的三级会商、决策机制。第一层级以市规划局为主导、江岸区政府协同，项目投资方及重要参建方参与，具体形式有年度指挥长会议、市区联席会等。其中指挥长会每年至少召开1次，由武汉设计咨询集团有限公司负责组织，总结检查上年度工作情况，确定本年度工作目标。第二层级以武汉设计咨询集团有限公司为主导，各项目公司、设计联盟及项目部参与，具体形式有工作例会、专题研究会，会议每两周召开1次，解决有争议事项、确定重大事项。第三层级以各项目公司为主导，设计、监理、审计等单位参与，具体形式有生产例会、商务例会，每周召开会议，由项目公司负责组织，确定现场具体事项。

五方共责机制从资金筹措、前期设计、征地拆迁、审批招标、施工质量等各个方面为商务区高品质、高标准、高效率建设提供了有力的制度保障。

以统一建设实现全面统筹，有效控制建设成本和周期

采用PPP模式进行建设优势明显。首先，采用PPP模式建设，降低政府投资压力；其次，通过引入社会资本、先进技术和管理经验，提高项目的运转效率；最后，PPP模式能够减少政府对微观事务的过度参与。

在PPP模式下，汉口滨江国际商务区二七核心区内的基础设施，由一家主体进行统一实施，便于综合统筹道路、市政管线、绿化景观与超大型地下空间的建设时序，以工程统筹和空间统筹的思路，科学制定施工方案，地下空间整体开挖、统一建设，减少了施工作业面交叉，简化了施工流程，缩短了约15个月的建设工期，实现了商务区的整体快速推进。同时，核心区地下停车场、地下环路、江水源能源站等地下空间进行统一建设，有利于支护共用、土方平衡和建筑物资的循环利用，初步估算节省了约30%的建设投资。

汉口滨江国际商务区二七核心区基础设施的施工，以"统一建设"实现多条线系统统筹，以分区组织、连续作业保障建设进度。通过科学划分施工单元，有序安排施工时序，通过成片开挖、整体实施，高效统筹地下、地面、地上空间建设与利用；科学安排施工时序，连续开展市政管线、道路能源、建筑工程、园林景观建设，实施流水作业，大大缩短建设周期，降低建设成本，提高建设品质。依托BIM三维仿真平台的架构，在汉口滨江国际商务区的建设全程，实现施工的动态监管，以"聚焦节点、聚焦接口、聚焦时序"为关键点，通过提前模拟、实时预警、及时反馈，将施工过程中可能出现的问题消灭于无形，保障项目高质量建设完工。

将韧性思维和风险意识贯穿于城市规划、建设、管理的各环节，2018年沿江大道汉口滨江国际商务区段率先启动了全长2公里（黄浦大街—二七路）的改造工程。沿江大道的改造施工，按照"工程设计"和"城市设计"理念，保障长江干堤这条城市生命线的安全，也要保证沿江大道在改造后实现交通效率和景观的提升。

为长江干堤的改造，项目参建单位"四进四出"水利部长江水利委员会、湖北省水利厅、武汉市水务局、江岸区水务局等审批单位，最终依法依规将长约1.4公里的长江干堤往江滩外扩十余米，实现沿江大道汉口滨江国际商务区段车行道由双向4车道拓宽至双向6车道。为提升沿江大道的景观，项目参建单位积极协调湖北省、武汉市供电部门，在汉口大部分区域停电近2天，顺利将7根220千伏高压电力杆塔迁改入地。

"以人为本"的理念、精细化的施工设计，以非常具体的方式，体现在沿江大道的改造工程中。按照规划，沿江大道上198株梧桐树在道路改造中无法保留。为了留住这些见证城市生长的梧桐树，经过组织、研讨，设计联盟优化施工设计方案，在BIM模型中调整地下管道的设

第3节　统一运营，多元共建共享，持续打造宜居智慧城市

第2节　统一建设，单元有序推进，节约建设周期和建设成本

第1节　系统治理，提升服务效能

沿江大道

计，合理保持树根、树穴和管道的距离；施工单位以精细的土方挖掘，实现管线对树根的合理避让，最终保留了全部梧桐树，为商务区留下了一条充满盎然绿意的行道绿化带。

考虑到沿江大道汉口滨江国际商务区段衔接江北快速路，车流量大，在夜间车辆的快速行驶碾过窨井盖会造成噪声扰民的问题，为了让该路段驾驶体验平稳舒适，避免噪声扰民，沿江大道的改造以外科手术般的施工工艺，将管线布置于人行及非机动车道内，将下水道铺排在路边的绿化带里，实现主线机动车道基本无井盖，并在地面铺装柔性降噪混凝土。这条又宽又直、驾驶舒适、静谧宜人的城市主干道，充分体现了"以人为本"的系统理念。

在靠近沿江大道堤防一侧，设计建造了分层的人行道和非机动车道，正常高度地面做非机动车道，利用堤底抬高做成人行步道，系统考虑行走、环境、休闲、分流等人的需求，在保证行人步行安全的前提下，让人们以更高视角一边散步一边观看长江干堤内外的风光。

为了让改造后的沿江大道道路空间使用更加合理有序、街道面貌更加整洁美观，改造设计将沿线所有的电信、供电、环网等箱柜以景观式设计隐藏起来，使其与周围环境融为一体；路灯、监控等功能也被集约化设计在同一根立杆中，尽量减少路面设施，真正做到"还路于民"。

结合长江干堤改建，对三处闸口及两处翻堤进行景观提升，打造景观节点。创意性采用玻璃结构复建江滩大门，白天通透晶莹、简洁大气，夜晚五光十色、流光溢彩；采用填土护坡、植被覆盖等方式巧妙遮蔽能源管和电力隧道翻堤，设置观景平台；运用"以点连线"的设计手法，利用堤顶连续景观带串联景观节点，勾画滨江景观轴线。

2018年底，沿江大道改造工程顺利完工，按期投入试运行，成为长江左右岸大道率先完工的路段之一。2020年汛期，沿江大道经受了暴雨、洪涝的"实战检验"，道路全线无渍水、堤防无险情、闸口快速封闭，既保护了城市的安全，也保障了生活在周边的市民出行无忧，用实际行动践行了韧性城市的建设理念。

2017年至今，虽然受各种因素的影响，汉口滨江国际商务区的建设进度并没有按照预期进行，但是随着建设的持续推进，商务区二七核心区建设总体情况良好，截至2023年5月，二七路以南片路网基本建成，地下环路完成主线、南北联络通道等约70%主体结构。其中二七路以南片江码路、兴瑞街顺利竣工验收，对社会开放使用；中山大道海绵城市材料顺利进场实施；南昌路、合肥路、镇江路等五期范围在建道路已完成机动车道结构，正在实施相关管线工程。地下环路方面，主线与能源站共建段主体结构即将封顶；5、6号匝道正在开展现状管线、设施迁改相关工作；7号匝道正在办理施工打围手续。

综合管廊基本完成二七长江大桥以南段（除二七过江通道影响范围外）约3.7公里廊道主体结构。目前，正在实施二七长江大桥以南韦桑东路交叉口、核心区段（二七过江通道腾退断面段）以及二七长江大桥以北花田花海与下穿铁路衔接段等区间段土建工程。同时，正在组织已完工区段设备安装工程进场施工。

结合汉口滨江国际商务区整体建设规划的江水源能源站项目，采取分步实施、分期投运模式建设。截至2023年5月，项目总体工程进度完成约69%，其中能源站房土建工程完成100%、取退水工程（含沿江大道直埋管）完成97%、输配水管网工程完成66%，项目建设与进度计划基本同步，并于2022年8月在长春街第三小学投入试运营。

按照市委市政府要求，汉口滨江国际商务区二七核心区原则上将于2026年底前实现全面竣工转入运维阶段。

第3节　统一运营，多元共建共享，持续打造宜居智慧城市

一个高水平的总部型商务区，需要以高质量的发展支撑城市功能的实现。通过统一运营，未来的汉口滨江国际商务区将通过引入高水平的物业团队、融入智慧城市的管理技术，来实现高水平管理，保证区域品质持续提升、功能持续完善。

尤其在智慧城市方面，商务区借助云计算系统、智慧交通系统、BIM系统、能源管理系统、污水处理系统等先进技术，对区域内的咨询管理、数据交换、交通出行、物业管理、节能减排进行统一高效的数字化管理。

多元主体参与运营，提升区域品牌价值

结合政府的城市转型目标和企业的发展需求，汉口滨江国际商务区由多元主体参与运营，共建、共治、共享，提升区域品牌价值。面向未来建筑物业运营的要求，商务区融合物联网、云计算、人工智能等新一代信息技术，结合园区物业服务的实际需求，打造智慧管理、科学运营的物业运维管理平台。

在汉口滨江国际商务区二七核心区BIM模型基础上开发的CIM模型平台，将业主（客户）、设备（环境）、物业服务者、合作伙伴通过物联、移动互联网技术手段无缝链接。所有运维作业通过平台驱动，预制作业流程、作业标准、知识手册，达成日常作业自动流转；数据集中管理，可供分析，用以持续改进服务。

平台通过详尽的指标体系，实时反映汉口滨江国际商务区二七核心区的运

智慧运维平台
资料来源：武汉城市仿真实验室

行状态，将采集的数据可视化、具体化，为运营方和各级领导作辅助决策；建立智慧运维体系，合理调度人员，合理分配人员的工作任务，实现问题从发生、处理、解决和检查的全过程管理；通过应急联动，及时、精准处理问题，避免损失扩大；通过移动端实现与客户、业主的无障碍交流，提高客户的服务体验，提升满意度。

搭建统一智慧运维平台，实现数据汇聚、数据治理

建设统一的智慧运维平台，将为汉口滨江国际商务区整体开展高水平、专业化、精细化的运营管理，营造宜业宜居的良好环境提供保证。CIM模型数字管理中心包括运营管理中心基础设施、大数据资源中心、网络与安全中心、物联网管理平台。智慧信息化主要由包括停车系统在内的智慧交通、智慧运维、智慧安防、智慧生态景观（公园）以及智慧管廊和智慧能源数据展示等组成。

其中大数据资源中心是智慧运维平台建设的神经中枢，它实现了数据汇聚、数据治理、数据融合，为数据的应用打好基础，消除信息孤岛、保障信息安全、构建数据生态，从商务区智慧城市维度出发，建设商务区运行监测大数据服务体系，促进数据融合共享和开发开放。

大数据资源中心的建设，对汉口滨江国际商务区二七核心区的运营将起到以下六大决定性作用。其一，对商务区交通、基础设施、公共安全、生态环境、社会经济、网络空间等领域的基础数据资源进行建设；其二，实现对商务区交通、基础设施、公共安全、生态环境、社会经济、网络空间等重点领域运行状况监测的信息展现与信息交互，形成"智慧城市运行全景图"；其三，实现与智慧运维平台的对接和数据整合，统一调度和管理；其四，通过通用信息服务接口，实现与各分系统的信息服务交互，提供各类业务信息资源的统一融合、展现及管理接口，与武汉市智慧城市及其他相关数据资源实现互联互通；其五，以城市日常运行管理及内涝、停水、停电、交通、火灾等突发事件联动指挥需求为核心，建立业务部门协同联动与指挥调度机制，构建全面覆盖、集约高效、纵横联动的城市运行指挥体，同时实现协同办公系统；其六，通过获取和收集数据，对日常运维进行管理，同时通过对大数据的分析处理和数据清洗、建模，分析运营模型，实现专家决策和提前预警及处理功能。

物联网管理平台以物联网信息管理平台为抓手，加强网络和安全中心保障，推进汉口滨江国际商务区二七核心区内众多公共资源的语境感知能力，对城市的数据进行汇集、管理、共享、交换、挖掘，实现城市日常运营管理和重大事件联动指挥。

物联网管理平台实现与底层的智能化子系统、传感器的对接，以及底层数据的采集，实现系统对接、数据对接。通过对商务区安防、管廊、交通、能源等园区基础设施管理对象和感知设备进行统一的编码管理，实现园区运行监测应用信息的接入、汇聚和整合。物联网平台智能综合监控系统需要满足各类信息感知设备的信息接入、组合展现，并结合GIS空间数据进行现实场景的实时展现等功能。

智慧城市CIM模型借助辅助汉口滨江国际商务区规划实施全程的BIM

模型，打造基于BIM模型的智慧运维系统，实现虚拟世界与真实世界的数字孪生。利用BIM+GIS+IOT技术，打造CIM城市数字底板，融合智慧交通、智慧公安、智慧环保、智能管网、智慧政务和能源管理的各类数据，全方位、多维度感知城市。提供覆盖多个领域的智慧城市一体化解决方案，从城市建设前期规划与建设，到后期多维度管控，为各项智慧应用的时空可视化赋能，打造城市运营商。

未来，汉口滨江国际商务区将按照"城市营造""大物业"的理念，以及搭建完善的"数字管理、动态更新"的智慧运营平台，借助云计算系统、智慧交通系统、BIM系统、能源管理系统、污水处理系统等先进技术，对商务区内的资讯管理、数据交换、交通出行、物业管理、节能减排、招商引资等活动进行统一高效的数字化管理。在交通辅助方面实现停车引导、交通管控，生活便利方面实现信息发布、交流互动，安全保障方面实现事故监察、电子预警，环境治理方面实现环境监测、环卫感应，保障现代化新型商务区的功能实现。

借助科学运营的物业运维系统和智慧管理平台对商务区交通、基础设施、公共安全、生态环境、网络空间等重点领域运行状况监测的信息展现与交互，未来展现在我们面前的将是一幅多元、共治、共享的汉口滨江国际商务区"运行全景图"。

第六章　智慧理城：数字孪生，智慧城市

第1节　智慧治理，赋能现代城市智慧生活

以数字技术为城市创造更为智能和智慧的美好生活。习近平总书记在2018年的全国网络安全和信息化工作会议上提出，要推动产业数字化，利用互联网新技术新应用对传统产业进行全方位、全角度、全链条的改造，提高全要素生产率，释放数字对经济发展的放大、叠加、倍增作用。近年来，国家各部委先后发布多项文件，强调落实网络强国、数字中国、智慧社会战略的重要举措。对自然资源部门而言，运用数字孪生理念，推进国土空间规划实施监测的数字化转型进程，对提高空间治理能力、实现高质量发展具有重要的意义。

在过去，规划编制完成转入实施阶段后，普遍存在土地零星开发、建设设计零散等现象，造成城市功能不彰显、城市公共利益难以保障的问题。为了破解这个难题，进一步提升规划的"主动实施"能力，早在2012年，汉口滨江国际商务区就率先尝试探索将数字技术作为规划实施的支撑，全过程串联规划编制、审批管理、建设实施以及城市运营等各阶段，全面强化规划统筹作用，打通从规划编制到实施与运营的"最后一公里"。

在建构工作框架方面，汉口滨江国际商务区的规划实施过程中，按照现状孪生、规划孪生、实施孪生和运营孪生等四个阶段，布局运用数字技术构建规划实施监测平台，形成与现实世界虚拟对应、互相映射和共同生长的数字孪生城市。汉口滨江国际商务区从规划源头出发，在计算机中形成一个数字化城市蓝图，用于实施过程中不断对比、反馈和校正，强化、固化实施中的空间统筹作用，提升空间治理能力。这也是今天武汉城市仿真实验室搭建数字孪生城市的雏形。

虚实对应、相互映射

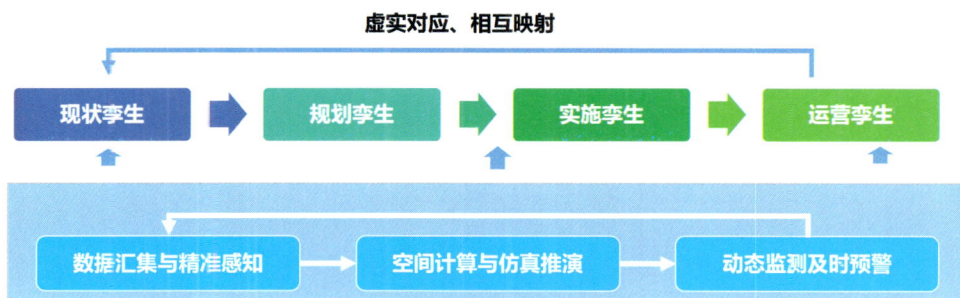

数字孪生工作框架
资料来源：武汉城市仿真实验室

135

在数据治理方面，汉口滨江国际商务区数字孪生平台的搭建，按照现状底图、规划蓝图和实施动图的技术框架，将自然资源本底、资源用途、实时运行和社会应用等环节关联起来；将过去层层叠叠的数据库升级为相互关联的"数据湖"，提升空间监测与预警响应能力。

为推进实施监测，汉口滨江国际商务区规划实施的全过程，按照"底线型、体征型、结构型"构建空间规划管理要素谱系，分层级、分要素进行规划实施进程的动态监测，推进数字化建造进程；并反馈到规划或者计划制定的源头，进行规划调校与优化。

在建设完成后，为拓展城市运营，汉口滨江国际商务区将规划实施的数字化资产交付城市运行管理，实施城市全要素数字化运营管理，提升国土空间监测的深度、广度和现代化水平。

将数字技术贯穿于规划实施的全周期，汉口滨江国际商务区在武汉，甚至全国，率先踏入数字时代，为超大城市探索智能化城市空间管控和城市治理，踏出了具有创新性的第一步。

第2节　孪生城市，以数字化城市蓝图提升空间管控

随着科技的不断进步，数字技术已经渗透到我们生活的方方面面，在现代社会运行和经济发展中，承担着越来越重要的功能。将大数据、云计算、区块链、人工智能、数字孪生等前沿技术手段运用到城市管理中，不断推动城市管理理念、管理手段、管理模式的创新，已经成为现代城市治理的重要手段。

市规划局建筑与城市设计处处长熊向宁介绍，武汉市以汉口滨江国际商务区为试点，从规划、管控、建设、运营四个维度，开展了全周期、全区域、全要素的数字化城市精细管理工作探索实践，以高水平实施性规划为抓手，构建一个平台绘到底；以高标准规划管控为抓手，实现一个平台管到底；以高质量建设为抓手，促进一个平台建到底；以高效能智慧运营为抓手，拓展一个平台用到底。初步开发了数字孪生城市平台，实现了国土规划管理由二维平面图则

汉口滨江国际商务区数字孪生城市景观示意图
资料来源：武汉城市仿真实验室

向三维立体空间实景延伸，从单个项目管控向空间多要素系统管控拓展，从传统被动审批模式向现代主动治理模式转变。

汉口滨江国际商务区利用BIM、人工智能、数字三维等技术，对应规划实施的不同阶段，开发了智慧规划、智慧管控、智慧实施、智能运营等四大功能模块。

智慧规划，支撑实施性规划蓝图的有效编制

针对规划阶段开发的智慧规划模块，以"规划同频、数据共享"为抓手，以数字化底图、"共同规划"模块和数字化规划数据库的建立，支撑实施性规划蓝图的有效编制。

在规划编制之前，以"三调"变更调查及补充专项调查为基底，结合全市三维数字城市，形成高精度的现状底图模型。这些现状数据包括地上的地形地貌、现状建筑、现状道路及设施等，地下的市政管网、地下空间类别与利用等，叠加现状人口数据、企业权属及其经营类型等

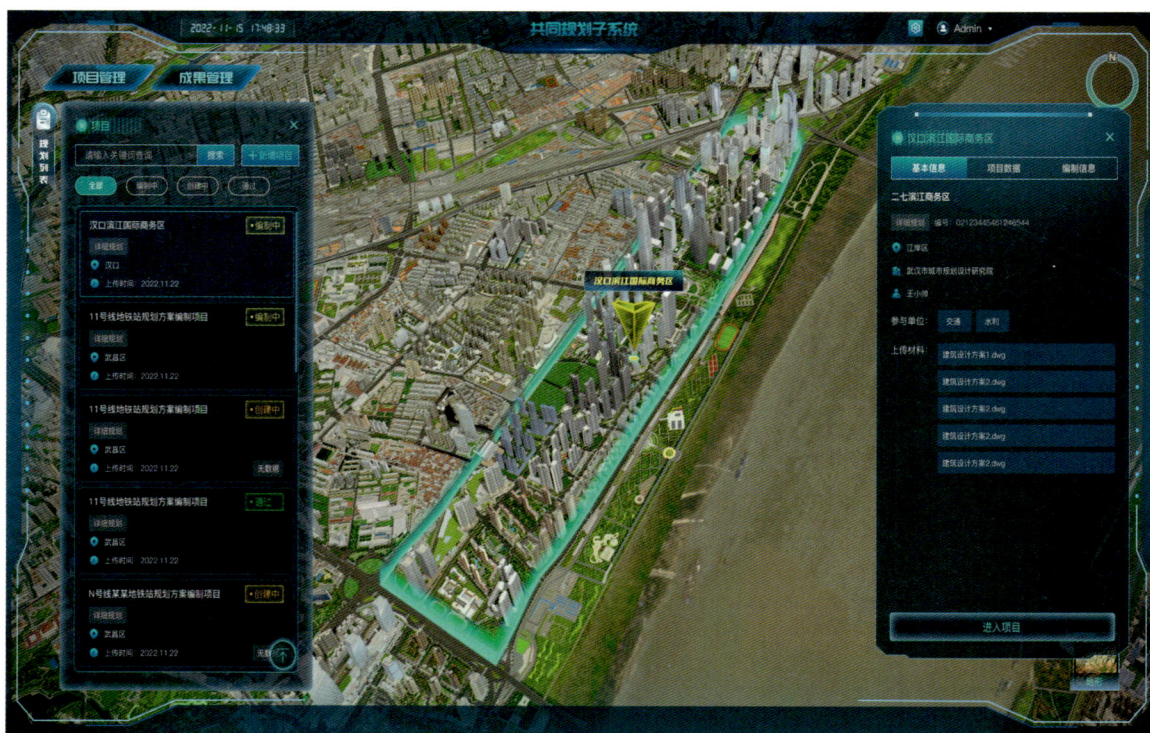

共同规划子系统模块一
资料来源：武汉城市仿真实验室

共同规划子系统模块二
资料来源：武汉城市仿真实验室

数据，作为规划设计的统一底图，用于规划编制。

在规划编制和设计阶段，建设多专业协同的"共同规划"模块。具体在汉口滨江国际商务区的规划编制过程中，将国土空间规划"一张图"、SOM编制的城市设计空间方案、日建编制的地下空间专项规划、AECOM编制的交通专项规划、上海市政工程设计研究总院编制的市政设施专项规划、CBRE编制的产业策划等多专业的规划成果，在数字孪生平台上进行集成，变层层叠加的"累加"方案为立体融合的"嵌入"方案。在BIM设计平台上进行方案推敲、方案比选、方案优化、矛盾提醒、交流互动和决策支持，将多专题协同工作模式，从"集中办公"变为"远程协同、在线修改"，大大提高了规划编制效率和方案编制水平。

将上述各项成果形成的数字化规划数据，转化为汉口滨江国际商务区的详细规划成果，全部纳入数字孪生平台进行统一检测、管理，确认各专项成果之间衔接一致后，进行审查批复，作为下一阶段规划实施的依据。

智慧管控，保障管控要求有效传递

在规划编制完成后的规划审批管理阶段，智慧管控模块以"管控同源、精准传递"为抓手，保障管控要求有效传递。

139

刚性管控工具
资料来源：武汉城市仿真实验室

　　智慧管控首先会对规划实施监测的结果进行反馈整理，基于数据治理和要素提取，对汉口滨江国际商务区范围内的道路、地铁、隧道、公共建筑、住宅、公园等空间要素的土地收储、供应、审批等规划实施进度进行动态汇总，实现各要素的协同呼应，保障规划有序实施。

　　在刚性要素方面，智慧管控模块通过研发"机审""图审""条件提取""高度管控""退距校核"等工具，对用地类别、建设强度、建筑高度、建筑退距、公共空间、贴现率等20多项自然资源和空间形态要素进行提取和转译，对项目方案的合规性、合法性等强制内容进行空间计算与指标校核，确保管控要求精准严格传导。

　　针对弹性要素，智慧管理模块运用数字三维模拟系统和"多方案比选""视域分析""天际线模拟"等功能，对总平面图协调城市界面、特色风貌、空间尺度、建筑体量、建筑风格等进行智能比对和在线实景反馈，实现项目方案合理性的模拟评判和推敲决策。

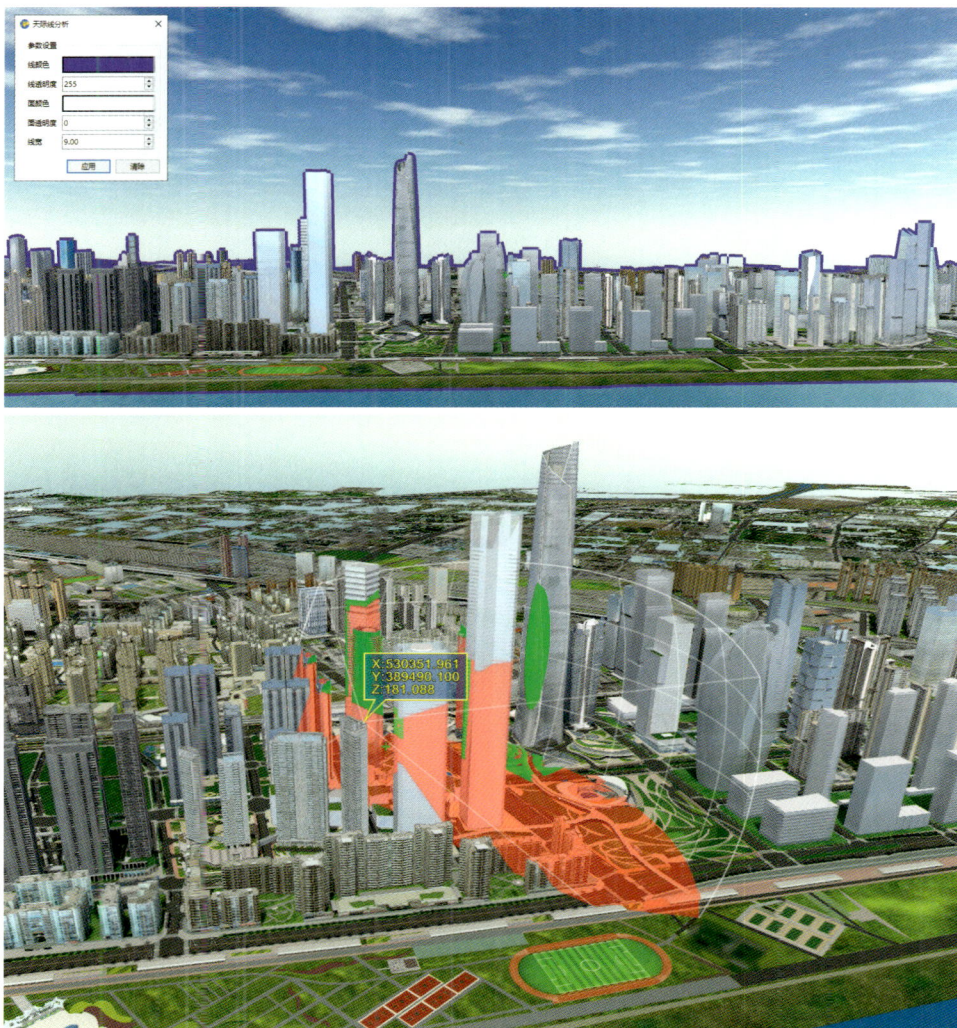

数字化三维模拟
资料来源：武汉城市仿真实验室

智慧实施，统筹规划建设精准落地

高质量的施工是汉口滨江国际商务区规划全面落地的前提。在项目的建设阶段，智慧实施模块以"建设同步、信息共造"为抓手，统筹规划建设精准落地。

在汉口滨江国际商务区的建设过程中，运用BIM、虚拟现实等技术，研发智能建造模块，实行多专业、多部门、多单位的协同设计，联动施工。以BIM模型为基础，将汉口滨江国际商务区基础设施建设的市政道路、电力、供水、燃气、能源等18个专业纳入系统模块进行综合统筹和数据集成，对规划实施过程进行全要素监测。BIM模型还以科学的施工方案安排建设时序、推进统一建

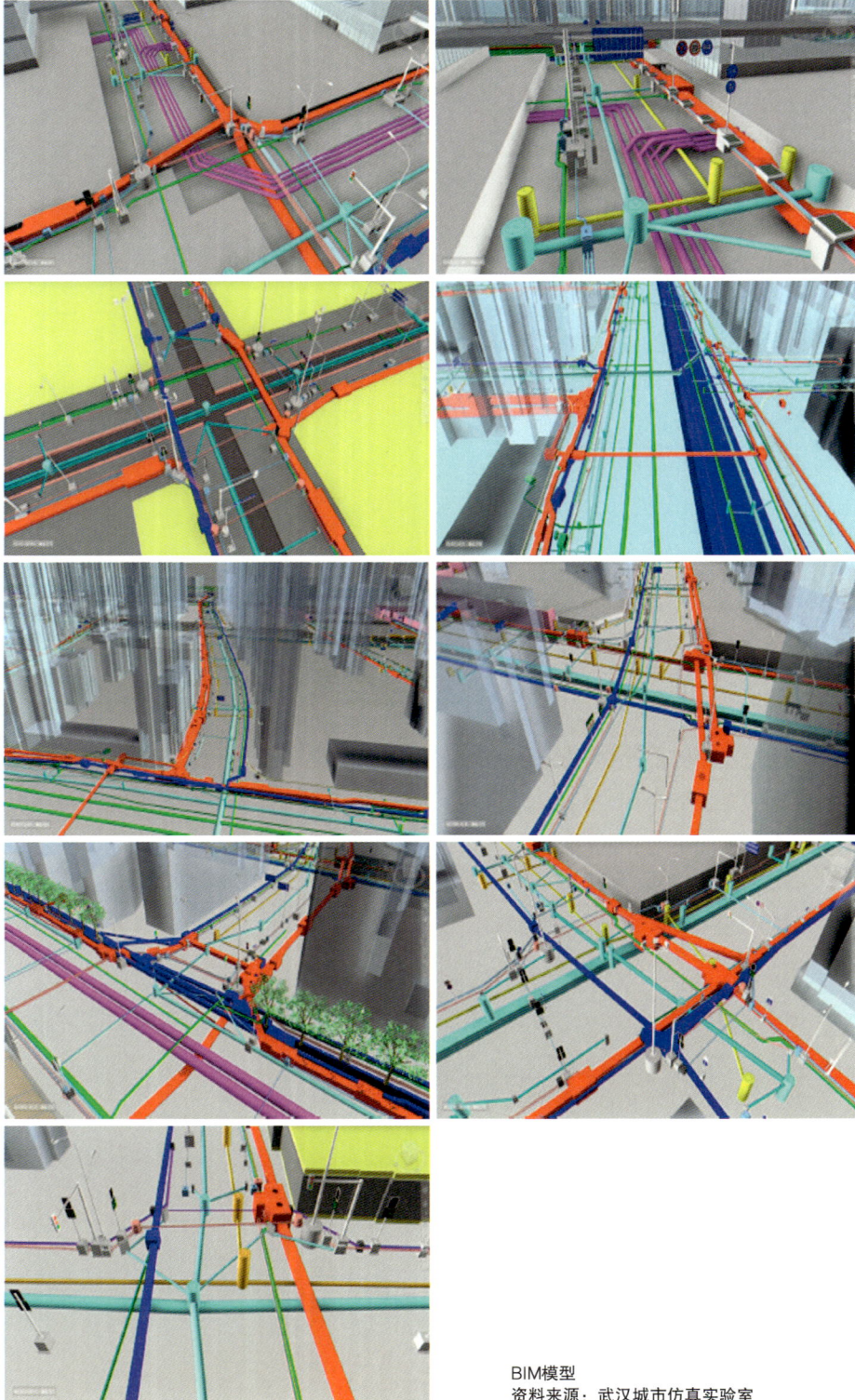

BIM模型
资料来源：武汉城市仿真实验室

设。通过40余次BIM等技术预警协调会，发现各专业项目碰撞问题100余个，并提前全部解决。节省基础设施工程建设投资约30%，缩短建设工期15个月，实现了精准定位、精准对接、同步施工的高质量建设愿景。

在汉口滨江国际商务区建设完成后，BIM模型将形成一套商务区的城市管理运行数字化资产，在未来，这个城市数字基础设施模型将转化为城市管理运行的数字化资产本底，用于下一步城市综合管理和社会运行的数字化平台构建。

智能运营，实现城市高效智能运营

在汉口滨江国际商务区全面投入运营阶段后，智能运营模块的应用将以"运营同向、数字共生"为抓手，实现城市高效智能运营。

目前，以实时运行、安全韧性、智能停车等城市"大物业"为重点形成的城市基础设施的智能管理系统，已实现交通调度、管廊运行、区域安防、能源管理、公园管理等智能运营服务功能。在汉口滨江国际商务区投入运营后，叠加后期运营管理的人口社会、经济产业、交通物流等信息流数据，将能实现商务区全时空、全天候的监测运行管理，并拓展至商务区经济运行、楼宇招商和社会风险治理等领域。

十余年间，数字技术在汉口滨江国际商务区的规划编制、管理、实施和运营中发挥了重要作用。这一套行之有效的经验，正在向武汉市其他区域的城市建设中不断推广。目前，长江新区、中法生态城的规划建设工作中，也采用了数字孪生城市技术手段提升空间监测与治理水平。

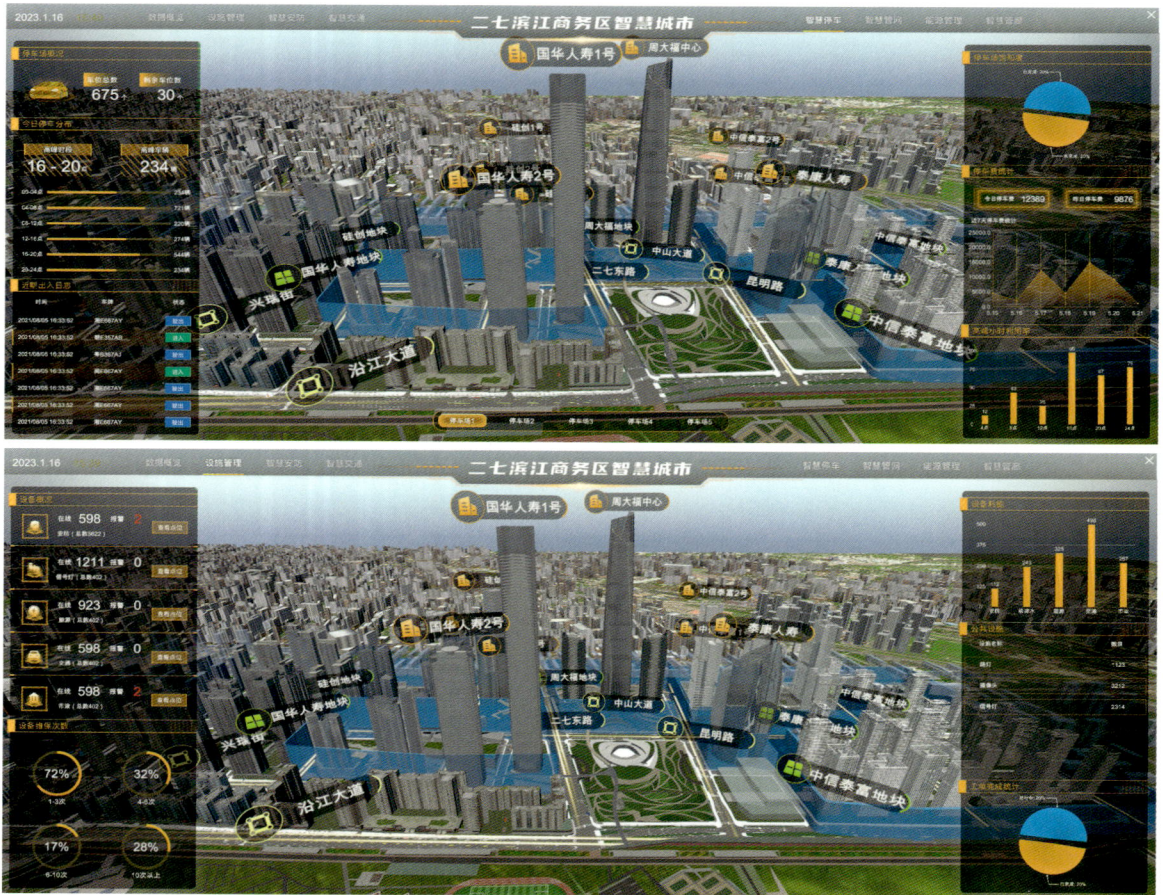

智能管理系统
资料来源：武汉城市仿真实验室

第3节　以孪生城市探索现代城市治理之路

近年来，当一系列国家战略聚焦武汉，中央一揽子支持政策赋能武汉的发展，以新型智慧城市的建设提升超大城市治理水平成为武汉城市建设的当务之急。

在2022年发布的《武汉市新型智慧城市"十四五"规划》中，武汉市明确提出发展目标：到2025年，通过数字化改革赋能，打造泛在协同的物联感知、安全高效的基础设施、集约共享的数据底座、智能敏捷的处理响应和惠民优政的应用场景，实现"高效办成一件事，精准服务一个人，全面治理一座城"，城市数字化转型和全场景智慧应用建设走在全国前列，全面支撑超大规模城市治理，成为国际国内新型智慧城市标杆。

以"从规划源头和管理角度，对城市进行仿真和感知，提前科学管理，让城市更智慧"思路，在2018年，武汉市成立了全国第一家城市仿真实验室。市规划局部署的武汉城市仿真实验室，以城市量化研究为出发点，通过多源数据的融合与增值，构建空间数学模型，模拟复杂城市系统，感知城市体征，监测城市活动，预演城市未来，创新城市规划的工作方法和技术手段，最终构建智慧化的城市治理决策平台。

作为武汉市数字城市建设试点的汉口滨江国际商务区，在十年间运用数字技术规划建设的经验和成果，也成为武汉城市仿真实验室搭建数字孪生城市的雏形。在汉口滨江国际商务区全面建成并交付使用后，全周期参与规划实施的数字化成果，将形成一套数字化资产，参与武汉智慧城市的运行，挂动城市的精细化管理。

在万物有生、万物互联的数字时代，数字孪生城市技术的应用，将参与构建智慧城市交通管控、车路协同、设备运营、环境监测、应急管理、图像识别、经济配置、产业经济等多个领域的一体化解决方案，为城市带来更加便捷、智能的智慧化现代生活，对推动武汉实现治理体系和治理能力现代化，助力武汉高质量发展具有重大战略意义。

而这一切的起点，就在汉口滨江国际商务区。

下 篇 ： 展 望 与 畅 想

展望

第七章　成效篇：正在崛起的宜居、韧性、智慧之城

习近平总书记指出，"城市建设必须把让人民宜居安居放在首位，把最好的资源留给人民"。提高现代化城市治理水平，根本目的就是为了不断提升人民群众的获得感、幸福感、安全感。

把城市规划好、建设好、治理好，让市民乐享宜居，是对"人民城市为人民"的生动诠释。市规划局按照"高水平规划、高标准建设、高质量实施"的工作目标，以汉口滨江国际商务区为试点，创新探索出"六统一"实施模式，保障了商务区主体功能逐一落实、建设品质高度统一、规划蓝图全面实施，实现了区域城市能级和城市品质"双提升"，获得较好的社会经济环境效益。随着规划的实施，汉口滨江国际商务区二七核心区的建设稳步推进，一个个重大产业项目快速落位，一条条道路接连贯通，众多标志性的工程投入建设，多家优质企业陆续入驻，高水平的城市规划蓝图正在变为高质量的城市发展现实画卷。这座延续汉口百年发展荣光，肩负着武汉迈向宜居、韧性、智慧高质量发展重任的现代化国际商务区，在长江左岸拔地而起，生动诠释着新时代商务区高质量发展的丰富内涵。

规划实施模式取得成效

"六统一"实施模式得到推广应用。 汉口滨江国际商务区二七核心区的规划建设，按照全周期理念，创新性探索出"六统一"实施模式，打破了规划与实施两者间的界限，让规划能真正"一张蓝图干到底"。这种实施模式已在武汉市其他重点功能区内推广，武昌滨江商务区、中法半岛小镇等市级重点功能区相继启动。汉口滨江国际商务区探索创新的实施经验成为"武汉样板"，多次受邀在规划行业全国性会议和论坛上交流推广，获得自然资源部高度关注。

总结研究形成总师制度。 为进一步完善重点功能区规划实施机制，全面提升武汉市重点功能区规划、设计、建设和管理的水准，保障重点功能区科学、有序地实施建设，市规划局在汉口滨江国际商务区"六统一"实施模式的基础上，探索形成了《武汉市重点功能区总设计师制度试行办法》。目前，该办法已经面向全市发布，并在武汉两江四岸地区率先试行。

功能转变实现产业升级

经过近十年的规划建设，昔日功能衰退、景观破败的老旧厂区，已华丽转身为华中首个金融保险+国际总部商务区，成为武汉未来经济展示的"城市窗口"。中信泰富、周大福、国华人寿、泰康人寿、美国金融企业集团等行业龙头企业纷纷入驻，规模积聚效应初步显现。龙头企业的集聚，进一步拉动了上下游产业链的形成，国内外多家著名咨询保险、金融信息、法律咨询、商务培训等生产性服务企业也纷纷落户，综合服务能力大大提升。一座引领城市产业升级、实现城市能级提升和城市功能完善的总部型商务区，正在长江之畔渐渐崛起。

宜居活力获得大幅提升

24小时持续活力拉动消费升级。废弃老旧的闲置建筑、老旧工业厂区，已华丽变身为时尚的生活、工作、休闲空间。随着"金融保险+'人群的入驻，汉口滨江国际商务区二七核心区的消费能力和消费需求不断升级，大型购物中心、高端零售、旗舰餐饮、品牌运动休闲产品、艺术品交易平台等与金融保险总部气质契合的高端服务业聚集，让汉口滨江国际商务区二七核心区24小时不间断地释放着城市的活力和魅力。

高品质配套诠释高质量生活。在高端商业和商务功能之外，一批高品质公共服务设施也随着汉口滨江国际商务区二七核心区的建设逐步建成。全国第一所江水源绿色低碳小学长春街小学已于2023年投入使用，武汉二中、七一中学、覆盖从小学到高中教育资源的国际学校，将为民众提供优质教育资源；国际医院普仁医院投入使用后，将为区域带来优质的医疗资源。艺术文化中心、SOHO艺术画廊、Y形生态树桥、江滩公园、中央公园、桥头公园、音乐厅、户外剧场等公共文化设施建成运营后，为市民提供丰富的文化生活。高端商品住房、高端公寓、SOHO住区、保障性住房等多样的居住空间让人民群众惬意生活，极大提升人们的幸福感、获得感。

绿色韧性成就低碳生活

绿色生态的商务区。汉口江滩三期对外开放，让汉口滨江国际商务区拥有城市最优质的绿色生态资源。随着核心区80亩的中央公园、工人之路和林荫绿

保留的铁轨实景图
资料来源：武汉市自然资源保护利用中心

道的逐渐完工，绿色景观生态网络正在形成，将使这个区域成为武汉市人均绿量最高的生态型总部商务区。

节能低碳的商务区。以节能减排促进城市的可持续高质量发展，江水源热泵、绿色建筑、绿色交通、风道规划等一系列绿色低碳节能技术的全面应用，使汉口滨江国际商务区成为新时代节能型商务区的样本。

韧性安全的商务区。以绿色出行为导向的交通组织，4.3公里的地下环路，充分释放了地面空间，为人们提供了步行友好的绿色街道；5公里长的地下综合管廊、集中式江水源能源站建设，确保商务区实现绿色低碳、安全韧性的高质量发展；全区域覆盖的海绵城市工程、汉口江滩三期堤防加固工程、消防疏散通道的建设，筑起了坚固的防线，守护城市安全；建筑群中精心设计的绿色开放空间，让商务区更通风、更节能，以绿色低碳、生态宜居的人居生活品质，推动核心区的可持续高质量发展。

历史文化获得持久生命力

青砖、红瓦、木门，江岸车站老站房依旧矗立，目前已改建为铁路博物馆，车辆厂时代的U形铁路轨道依旧沿着"工人之路"蜿蜒，在这条文化林荫大道中留下铁路文化的历史轨迹；林祥谦就义处建成林祥谦纪念广场，给凭吊这位二七大罢工烈士的人们留下驻足的空间，林祥谦半身铜像在街头公园中静

林祥谦就义处实景图
资料来源：武汉市自然资源保护利用中心

林祥谦纪念广场鸟瞰图（2023年7月）
资料来源：武汉市自然资源保护利用中心项目组

静伫立，融入他背后的现代化商务楼群。这些凝聚着武汉不同时代记忆的码头文化、铁路文化、红色文化……在这里流传、融合，无声地融入汉口滨江国际商务区的生活中，获得持久的生命力，成为可触碰到的"文化记忆"，滋养着当代都市人的精神。

封面级景观扮靓武汉

475米的标志性周大福金融中心，13栋200米以上的超高层塔楼，以及60至100米、100至200米、200至300米、475米四个高度，从临江到城市腹地的街道不断推进的建筑群体，形成了最美的武汉滨江城市天际线。普利茨克建筑奖获奖者扎哈设计的泰康金融中心、十字形国华金融中心、以"生命之树"为设计之核的周大福金融中心，这些独具个性的建筑景观，让武汉颜值"美出圈"。

智慧平台当好城市管家

商务区建设的CIM数字孪生智慧平台系统，全天候、全方位对商务区的交通、基础设施、公共安全、生态环境、社会经济、网络空间等重点领域运行状况进行信息监测和交互展现，形成"智慧城市运行全景图"，实现问题早发现、障碍早排除、灾害早预测，为居民提供值得信赖、值得依靠的"智慧城市管家"。未来更多的数字化、智慧化设备、设施将出现在商务区里，为商务区居民提供安全、舒适、便利的现代化、智慧化生活。

建设中的商务区鸟瞰图（2023年7月）
资料来源：武汉市自然资源保护利用中心项目组

第八章　展望篇：人们眼中的滨江活力与城市发展

汉口滨江，通向世界之路
Hankou Riverfront, the Road to the World

Thomas Hussey

美国建筑师协会会员

SOM城市规划与设计总监

Water has always served as a defining element of Wuhan city fabric and culture. Born at the intersection of Yangtze and Han Rivers, the rivers serving as domestic and international trade routes initially allowed the three towns of Hankou, Wuchang and Hanyang to grow into the modern metropolis of today. The Yangtze River continues to be a vital component of the Wuhan economy and influence on Wuhan life. Vast waterfront parks, trails and plazas, bridges crossing the majestic Yangzte River become integral to Wuhan's identity and way of life.

武汉诞生于长江和汉江的交汇处，水一直是武汉城市肌理和文化的决定性元素。这些河流最初作为国内和国际贸易路线，使汉口、武昌和汉阳三镇发展成为今天的现代化大都市。长江带动了武汉的经济发展，也影响着武汉的生活。广阔的滨江公园、步道和广场，横跨雄伟长江的桥梁，都成为武汉城市名片和生活方式的组成部分。

The urban design goals SOM hope to achieve in Hankou Riverside International Business District project, is to create a new urban district that is highly attuned to its setting both in terms of culture and environment. So, we reintegrated and featured the memorial and historic Jiangan Rail Station of Hankou-Peking Railway in the new district master plan, contribute to a sense of heritage and community pride. They lend authenticity and local character to a globally facing business district.

为了在汉口的滨江区域创建一个与当地环境和文脉和谐的全新城市街区，SOM将原京汉铁路的江岸站旧址融入汉口滨江国际商务区核心区的城市设计中，打造历史氛围和社区自豪感，同时为这个国际商务区增添了历史文化风貌和地方特色。

Simultaneously the urban design integrates nature and ecology in a way that is unique to Wuhan and the riverfront site. The site invites the riverfront landscape into the heart of the new district by establishing a civic park with pedestrian connections to the riverfront park system, extending the riverfront ecology and wildlife into core area of the urban district. We borrowed the scale and identity of historic Wuhan streets to shape Streetscapes for the district. Activated by ground floor commercial spaces and reflective of the older concept of streets as "living rooms" for the city.

同时，我们通过核心区的城市设计，将城市生态和滨江生活融合起来——通过步道的连接，滨江的生态景观和野生动植物被引入城市中心街区，与市民公园相连。在街景方面，我们借鉴了汉口历史悠久的城市街道的尺度和特征，并延续了沿街建筑底层作为商业空间的传统，体现了街道作为城市"客厅"的概念。

Due to the elevated nature of the rail stations and the high elevation of the riverfront levee, a series of elevated walkways connect transit to landmark parcels and the riverfront park system. In the Hankou Riverside International Business District, the core principles of Mobility and access is transit-oriented development (TOD).This expansive, multi-dimensional connective tissue of pedestrian circulation will establish a highly walkable urban district that is desirable in a future-forward, mixed-use business district.

考虑到高架形式的轻轨站和江堤的高度，我们的设计通过一系列高架人行道，将地标性地块和滨江公园系统连接起来。汉口滨江国际商务区的设计采用TOD的核心原则，用大范围、多层次的步行网络，建立一个适合步行的城市街区以满足未来混合功能的商务区的定位。

Master plans of Hankou Riverside International Business District are the result of collaborative efforts by multiple design disciplines, government and community input. Successful master plans rely on the execution of the vision through implementation by multiple parties and, ultimately, the operation of the district by public and private parties. Our master plan and design guidelines chart a path towards success, and it is our hope that all of the current and future contributors continue to stress the values and principles that will lead to world-class urban district. If done effectively and thoughtfully, Hankou Riverside International Business District will shine as a benchmark for riverfront business districts elsewhere—known for its people-oriented, nature-integrated, culturally resonant design.

汉口滨江国际商务区的总体规划是SOM多专业整合设计团队、政府和当地社区共同努力的结果。成功的城市设计愿景需要多方的努力，并最终依靠公共和民营机构的持续运营才能得以实现。我们的城市设计和设计导则描绘了一条通往成功的道路，希望所有当前和未来的建设者继续坚守有利于营造世界级城区的价值观和准则。如果能有效且全方位实现设计的目标，汉口滨江国际商务区定能以其以人为本、融合自然、文化共鸣的设计，成为其他滨江商务区的标杆。

We hope that the project will represent the ideals of the broader community and contribute holistically to the continued enhancement of Wuhan.

我们希望该项目能够成为理想社区的典范，并为武汉的持续发展作出贡献。

商务区保留老汉口印记

汪海粟
中南财经政法大学企业价值研究中心主任，
    教授，博士生导师
中国资产评估准则委员会技术委员会委员
中国资产评估协会知识产权无形资产专家委员会
    副主任委员
中国资产评估协会资深会员
湖北省资产评估协会会长

我是在汉口鄱阳里长大的，那里曾经是租界区，至今还保留了一些具有历史文化价值的社区和建筑，如上海村、江汉村、上海路天主教堂和江汉关。1977～1979年，我在江岸区计划委员会工作，对当时江岸区街道企业有较为深入的认知，正是那些在老城区老房子里通过生产自救出现的各类小微集体企业，既为社区居民创造了就业机会，又为国民经济起到了拾遗补阙的作用。直到现在我仍然记得那些家庭妇女在特殊历史年代创业的故事。这也决定了我以后的专业选择和研究重点。后来虽然去了高校，但对武汉市，尤其是江岸区的发展有特别的情感。这些年来，但凡有学生毕业，不论是国内的学生，还是外国留学生，我都会带他们重游江岸。

为应对现代化和国际化的要求，在规划汉口滨江国际商务区之前，武汉市已经有规划和建设王家墩中央商务区的实践。就城市功能区划而言，汉口滨江国际商务区与王家墩中央商务区必须实现差异化定位。追溯武汉不同区域的经济结构演化的历史，工业主要集中在汉阳区、青山区、武昌区和硚口区，江岸区也曾经有中原无线电厂、武汉食品厂、武汉饮料二厂等电子和轻工企业，但工业整体规模较小。在我印象中，1990年代以前，江岸区六合路以北的范围内，仅有武汉肉联厂、江岸车辆厂，总的看来，江岸区的物流、商贸、金融、设计、教育和医疗等产业相对集中。

在江岸区，由于历史的原因，商业活动曾长期集中在六合路以南的区域，受保护历史文化街区、发展滨江旅游和既有城市布局的限制，该区域商务活动的结构和规模不得不作战略调整和转移。随着近三十年城市基础设施和居住环境的跨越式发展，在武汉长江二桥以北沿江区域建设国际化和现代化的滨江商务区具有一定的现实合理性，商务区在保留汉口城市历史痕迹的同时，未来会提供很多新的金融、文化设施，城市就有了高质量、可持续的发展动力。

花一点时间，陪城市共同生长

俞毅民

中信泰富（中国）投资有限公司工程管理中心副总经理

兼任武汉泰富二零四九商业发展有限公司副总经理

国家一级注册建筑师

2017年，因为工作调动，我从上海来到武汉常驻。上海和武汉是长江沿线非常重要的两个节点城市，来武汉之后我发现这两座城市特别像，都滨水，是近代历史上的通商口岸，都有深厚的产业根基和城市底蕴。我喜欢在黎黄陂路那一带走走，老里弄的感觉也和上海非常像。沿着长江一路走过来，能清晰地看到城市从老到新不间断的迭代和城市的历史文化脉络，这是很吸引人的。

和上海相比，武汉有一个优点，就是这座城市的包容。这里位于全国中部，九省通衢的地理优势使得几百年来人们在这里来来走走做贸易，哪里的事物都能在这里出现、扎根、融合，于是有了今天的汉口。武汉包容的城市文化特点，是经过几百年养成的。一座城市必须是包容的才有发展的可能，再看长江沿线这么多城市，为什么武汉可以脱颖而出？回顾武汉的发展历程就可以找到答案。

产业基础也是中信泰富选择来到武汉很重要的原因。其实中信泰富在汉口滨江国际商务区的金融总部项目，从规模到功能，包括土地的背景，和我们的上海陆家嘴滨江金融城项目非常相似。陆家嘴以前也是一片有滨江、有工业背景的土地，经过将近二十年的打造走到今天。武汉拥有积淀了上百年的产业底蕴，而产业才是金融和保险业为代表的现代服务业发展的基础——从滨水工业城市到金融之城，全世界绝大多数金融中心都经历过这样的产业迭代和城市转型。

作为国家的战略投资公司，中信泰富担负的重要任务是落实中央对全国的产业布局，反映国家对全国的投资策略。在上海和武汉，中信泰富的产业重点，就是为这样的超大城市导入以金融业和保险业为代表的现代服务业总部，形成金融总部集聚的城市功能。在差不多的区位，有差不多的规模，做差不多的项目，武汉这座城市雄厚的产业基础、丰富的教育医疗资源、优质的滨水资源等一系列城市综合实力，让中信泰富有信心以重资产投入汉口滨江国际商务区，把在上海的经验借鉴过来，也把一直以来的商业伙伴渐渐带过来。

中信泰富愿意花一点时间，陪伴这座城市一起生长。

画一幅大风景，怎么命名不重要

陈勇劲

武汉美术馆馆长

湖北省美术家协会副主席

中国美术家协会会员

一级美术师

　　前不久因为龙美术馆馆长的邀请，我拜访了月台公园里的美术馆，一排朴素的红顶青砖小屋既是当年江岸火车站的站台，也是今天的展厅。我虽然从小就在汉口江边长大，但看到眼前这一切竟然有些疏离感，这些与中国近代史息息相关的名词更早的时候只在历史课本上神交过。

　　于我而言，这是一个完全陌生的地界。从历史名词掉落进现实的它曾是儿时长辈口中无拘无束的郊野；待我再长大些，从同学少年的传说中知晓有一些工厂在那一带，我记得最牢的是肉联厂。因为这个缘故，做猪鬃刷的生意人也不少。随着成人入世，拿起画笔，有一阵子久居武昌，这种地理和心理的距离被进一步拉大了。

　　那天傍晚我从美术馆离开时，登上附近高楼远眺长江，余晖映射水面，静谧的岸线上，是三三两两在散步的人群。儿时在江边嬉水打闹的记忆又回来了，隔壁嫂子追着险些落水的伢在吼，另一家的孩子顶着湿漉漉的头发不敢进门，站在里分口滴水晾干。

　　多么神奇的时光隧道，再往前穿行，124年前，南来北往的人们坐着火车从这里呼啸而过　他们戴着礼帽，手提皮箱，眼神望向车窗外。那流淌不息的江水，那从铁轨延伸到今天的印迹，和我今天看到的风景，并无二致啊。

　　成为艺术机构管理者后，我开始频繁地思考艺术机构与城市空间的关系。不仅是汉口滨江国际商务区，国内外主要城市，任何有水的地方，都会有艺术机构，甚至是艺术机构的聚落。人类文明都是沿着水系形成的，即使是一面湖、一条江，也必然有它的历史和社会背景。在这样的滨水商务区设置艺术机构，应当去研究它所在区域的背景，将艺术机构与城市空间融合。

　　我的另一个思考是，艺术不可能与商业和人群分离，可以说它们是唇齿相依的。当我看到汉口滨江国际商务区已经有很多住宅和人群时，我觉得非常好，这些人会因为完善的商业和产业留下来，他们会生长成一段新的历史。

　　毗邻长江，拥有工业遗产，此处的城市设计就会沿袭某一种固有的风貌吗？我想不尽然。如果要在这片区域创作一幅大风景，也不要给它命题吧，像现在这样，就是最美的状态。

选择汉口滨江商务区，是我们坚定投资武汉的重要见证

张燕

新世界中国华中华东区域总经理

新世界集团深耕武汉30载，以城市运营商为使命，以共创美好城市为情怀，为武汉带来一系列标志性项目和地标性建筑。与此同时，这座城市也一直哺育着我们，为我们的发展提供着源源不断的滋养。

武汉是长江经济带的核心城市，在市中心拥有一线临江资源的汉口滨江国际商务区，是可以和同样依水而建的上海陆家嘴、深圳前海和广州珠江新城等项目对标，拥有最珍贵自然资源的总部型商务区。

这个区域在规划之初，就以最先进的规划理念和高标准的配套设施进行规划和设计，根据规划方案快速形成了密集的地铁和交通路网，引进了全球知名的企业参与区域的共生共建，迅速实现了金融商贸、高端商业等现代服务业的落位，高品质基础设施的建设，以及国际级医疗、教育、文化资源的配套。天赋异禀的自然资源、独一无二的核心区位、产城融合的规划理念，共同铸就了汉口滨江国际商务区的超高起点。

作为全球地标性项目建设的引领者，新世界集团在全国各地有着丰富的地标性综合体开发经验。目前全球排名前十的超高层建筑项目中，有三座是新世界和周大福打造。我们在汉口滨江国际商务区建设的周大福金融中心，其定位是国际级地标综合体，它是周大福和新世界的全新品牌形象，也是我们坚定投资武汉的重要见证。

在未来，我们还将深度参与武汉城市建设的方方面面，持续见证和助力这座城市的经典与超越，为城市价值提升贡献澎湃动能。

难能可贵的汉口滨江

彭博

仲量联行高级董事
华中战略顾问总监

　　武汉百年来的发展历程一直与"长江"紧密关联。今天，汉口滨江国际商务区呼应城市面向未来的发展主流，回归了沿江发展的大格局。十余年来，这个区域走过的每一步，都显得"难能可贵"。

　　借势武汉天地等一系列项目为长江左岸打造区域品质，汉口滨江国际商务区站在较高的起点，将城市发展的势能北延，并且真正做到了由政府主导整体规划、建设，以项目的精准招商，实现城市功能和品质的提升。在建设的每个环节，这里都以"用心"保证了项目品质始终如一，产生了良好的效应，这是第一个"难能可贵"。

　　在当下市场整体下行的环境中，汉口滨江国际商务区一直用自身建设品质，引领整个武汉市场的发展，并且始终以高品质产品凸显强劲的竞争力，为我们带来关于这个区域活力和生命力的无穷想象，这是第二个"难能可贵"。

　　作为武汉城市建设的标杆，商务区的二七核心区聚集了一批国内顶尖的产业运营者，包括周大福金融中心、中信泰富滨江金融城等标志性产业项目，也在有条不紊地推进。这些项目和产业的落位，对于武汉未来金融总部的形成尤其关键和"难能可贵"。

　　在未来，我希望汉口滨江国际商务区持续保持现在高标准、成规模的一体化建设思维和路径，继续成为区域形象和信心的保证。我期待商务区能把握好时机，打通汉口沿江片区，衔接长江新区，并和长江右岸的武昌、光谷等区域形成呼应和合力，将"难能可贵"的发展模式淋漓尽致发挥到底，树立武汉城市建设的绝对高度，成为行业标杆。

汉口滨江国际商务区的市民畅想

阿原　54岁　父亲是江岸车辆厂的建设者，在武汉长大

去年冬天开始，我常带着家人来汉口滨江国际商务区的月台公园玩。这个地方还是父亲告诉我的，我问他怎么知道的，他说江岸车辆厂的老人都知道。有时候他的曾孙子拉他到喷泉那边玩，还会让他猜以前火车被拉到这里干什么。

我老家在徐州，1950年代父亲和叔叔随单位成建制从徐州调来武汉，支援江岸车辆厂的建设。我们家就住徐州新村的车辆厂宿舍，邻居大都讲徐州话，父亲和叔叔现在都只讲徐州话。我也会讲徐州话，但念书后主要讲的是武汉话。厂里外地来的职工家里差不多都是这个情况。几次故地重游，父亲跟我回忆了好多往事，我们住过的平房、厂里的宿舍、老同事……聊起这些他就打开了话匣子。父亲那一代产业工人都有工厂情节，我没有在厂里工作过，对这些的记忆就比较淡了。

刚买房子搬离二七时，感觉像逃离了"乡下"。去年偶然回来，这里旧貌换新颜，漂亮得有些不认识了，有地铁、新的学校、医院，交通和生活更方便了。我觉得挺好的，我们这些徐州人的后辈已经成了地地道道的武汉人，我们曾经生活的地方也越变越好了，越来越喜欢这座美丽的城市。

LULU　26岁　喜欢在江滩三期躲人群的幺子角落寻觅者

我是个特别爱找新地方玩的人。今年春节前，开车在武汉找好玩的地方，竟然发现了从没来过的汉口江滩三期。后来陪朋友到江滩三期附近看房子，才知道汉口滨江国际商务区这个名字。

朋友把房子买在这里后，我经常到这一带来玩。这里简直是我理想中的滑板基地，空气好、环境好、风景好，从我家开车过来只要十几分钟。最让人感动的是，在周末也不用等停车位。玩累了我喜欢坐在彩虹台阶上发呆，远处就是长江二桥与二七长江大桥，抬头望着蓝天洗洗眼睛。五月时，有好多人去马鞭草花海拍照，不过那并不影响我们的玩耍，毕竟江滩三期的面积太大了。

听说江滩三期附近的汉口滨江国际商务区建好后，还会有一个很大的中央公园，这太好了，又有好玩的地方了！而且，未来规划商务区里面也会有大商场和各种好玩的店，附近还有武汉天地和壹方，玩公园、吃饭、逛街在这里可以一起解决了。

朱颜　47岁　父母住在二七的航天双城

　　我爸爸妈妈住在航天双城，离汉口滨江国际商务区很近，所以是看着这里一天天建起来的。

　　我听说江滩三期是配套汉口滨江国际商务区提前建成的，这里建好了以后，我爸妈非常高兴，说家附近终于有个可以好好散步、锻炼身体，自然环境又好的地方了。老年人需要户外活动，但是我一直比较担心他们的安全，主要是跨解放大道过马路不方便。未来这里会修一个树桥直接连到江滩公园，以后他们走这个只能步行的树桥，可以看风景、吹江风，又可以安全走到江滩，那我就放心多了。我希望树桥快点建好，我们就可以早点享受这么好的生活。

参考文献

[1] 盛洪涛，等. 武汉重点功能区规划探索[M]. 北京：中国建筑工业出版社，2014.

[2] 盛洪涛，等. 武汉重点功能区规划实践[M]. 北京：中国建筑工业出版社，2017.

[3] 武汉市自然资源和规划局. 精彩十年 争创卓越[Z]. 2023.

[4] 盛洪涛，周强，汪勰，等. "计算式"城市仿真探索与实践[M]. 武汉：华中科技大学出版社，2022.

[5] 盛洪涛，殷毅，陈伟，等. 武汉重点功能区规划编制与实施一体化模式研究——以武汉二七商务功能区为例[J]. 城市规划学刊，2014（1）：92-98.

[6] 陈韦，陈伟，彭阳. 武汉汉口沿江商务功能区实施性规划探索[J]. 规划师，2013，29（5）：42-46.

[7] 熊向宁. 行政分权背景下武汉市实施性规划范式[J]. 规划师，2013，29（12）：65-68.

[8] 黄焕，付雄武. "规土融合"在武汉市重点功能区实施性规划中的实践[J]. 规划师，2015，31（1）：15-19.

[9] 于一丁，涂胜杰，王玮，等. 武汉市重点功能区规划编制创新与实施机制[J]. 规划师，2015，31（1）：10-14.

[10] 姜涛. 关于实施性规划在国土空间规划体系中定位的思考[C]//中国城市规划学会. 面向高质量发展的空间治理——2021中国城市规划年会论文集. 北京：中国建筑工业出版社，2021.

[11] 张茂鑫，吴次芳. 公共利益需求下"成片开发"的规模和速度[J]. 中国土地，2020（10）:12-13.

[12] 汪云，郑金，夏巍，等. 国土空间规划体系下市级全域功能区体系研究——以武汉市为

例[J]. 规划师，2022，38（6）：101-108.

[13] 汪云，周维思，晏学丽，等. 基于功能区视角的土地征收成片开发模式探索[J]. 规划师，2022，38（4）：27-32.

[14] 武汉市人民政府办公厅. 市人民政府办公厅关于印发进一步提升城市能级和城市品质工作实施方案的通知[Z]. 2021.

[15] 周岚，丁志刚. 新发展阶段中国城市空间治理的策略思考——兼议城市规划设计行业的变革[J]. 城市规划，2021，45（11）：9-14.

[16] 周岚，施嘉泓，丁志刚. 新时代城市治理的实践路径探索——以江苏"美丽宜居城市建设试点"为例[J]. 城市发展研究，2020，27（2）：1-7，15.

[17] 谭荣，孙建卫，林亮. 土地储备的模式演化及资产功能[J]. 中国土地，2022（10）：4-9.

[18] 古超. 空间规划视角下土地征收成片开发方案编制探索[EB/OL].（2022-07-05）[2023-08-11]. https://mp.weixin.qq.com/s/869Gacyc6SzJWIzWkEkr2g.

[19] 王亚华. 探索超大城市治理新路[N]. 成都日报，2022-04-20（7）.

[20] 张立荣，陈勇. 整体性治理视角下区域地方政府合作困境分析与出路探索[J]. 宁夏社会科学，2021（1）：137-145.

[21] 李燕. 城市治理现代化是中国式现代化的重要实现途径[EB/OL].（2022-04-20）[2023-08-11]. https://mp.weixin.qq.com/s/OMTk93ATZDhhUaMIfSauA.

[22] 武汉市自然资源和规划局，武汉市自然资源保护利用中心. UP论坛系列报道之：注重功能传导 推进规划实施——武汉市详细规划"新招"频出.（2023-01-03）[2023-08-11]. https://mp.weixin.cq.com/s/BZbLg4T5sC5ITfFUuwxM1g.

后记

　　从2012年汉口滨江国际商务区核心区的规划编制启动、建设实施至今，弹指十余年匆匆而逝。

　　汉口滨江国际商务区以金融、保险等现代服务业为核心功能，肩负着武汉实现绿色发展、生态转型、智慧城市等一系列城市发展新要求，在武汉建设国家中心城市的重大历史使命中，承担着举足轻重的战略作用。作为城市的规划建设者，全程参与汉口滨江国际商务区规划和实施工作，看着这个区域在长江边渐渐崛起，我们内心倍感自豪。

　　城市建设的成果固然值得期待，但尤为值得欣喜的是，我们在汉口滨江国际商务区核心区的规划实施过程中，探索出一整套城市建设和治理理念、工作经验、模式和方法，在未来可能会让城市获益更多，更为长久。

　　在规划的实施方面，汉口滨江国际商务区核心区采用"六统一"模式，从全周期的时序维度，将前期的谋划、策划、规划，到设计、储备、实施，以及后续的招商、建设，形成了一个完整的规划实施体系。比较综合地把全要素、全过程整合在一起，我们的初衷一方面是为了保证规划全面不走样地落实，另一方面也能充分调动政府各部门、市场多主体的积极性，形成多方合力参与规划建设、实施和后期的运维、管理。随着规划不断地深化和实施，我们看到各部门通过良性互动，共同推进规划蓝图的实施和落地，为未来武汉其他区域的功能区开发建设，提供了值得推广和复制的经验。

在汉口滨江国际商务区核心区的实施过程中，我们也通过实践，不断思考和探索超大城市现代化治理的新路子，在理念上经历了从城市管理到城市治理的转变。为了实现区域建设既见项目又见城市整体功能形象的目标，我们将项目开发、基础设施配套、公共设施配套、拆迁还建安置等一系列任务和因素综合起来形成一个完整的治理体系，通过规划的实施处理好局部与整体的关系，体现现代化城市治理的统筹性和系统性，提升武汉市城市治理现代化的水平。

为武汉这座城市和生活在这里的市民奉献一个既提高城市能级、实现城市战略发展目标，又能让人们享受高品质城市空间，宜居、宜业、宜游的国际水准滨水商务区，是汉口滨江国际商务区核心区的全体规划建设者们矢志不渝的初心。带着这份初心，我们将继续贯彻落实创新、协调、绿色、开放、共享的新发展理念，继续下足"绣花"功夫，将严谨细致、精益求精的作风，落实到武汉未来的规划和建设中。

在过去的百余年，长江边的汉口一直是商贸、金融重镇。重拾汉口昔日荣光，服务武汉建设国家中心城市的战略目标，我们不断求索，不断努力，不断创造。

图书在版编目（CIP）数据

武汉现代化城市治理实践：汉口滨江国际商务区实施之路 = URBAN GOVERNANCE MODERNIZATION PRACTICE IN WUHAN CITY – THE IMPLEMENTATION OF HANKOU RIVERFRONT INTERNATIONAL BUSINESS DISTRICT / 武汉市自然资源和规划局，武汉市自然资源保护利用中心编著. —北京：中国建筑工业出版社，2023.12

　ISBN 978-7-112-29317-9

Ⅰ.①武… Ⅱ.①武… ②武… Ⅲ.①商业区—城市规划—汉口 Ⅳ.①TU984.13

中国国家版本馆CIP数据核字（2023）第214323号

责任编辑：刘　静　刘　丹
书籍设计：锋尚设计
责任校对：芦欣甜

武汉现代化城市治理实践　汉口滨江国际商务区实施之路
URBAN GOVERNANCE MODERNIZATION PRACTICE IN WUHAN CITY – THE
IMPLEMENTATION OF HANKOU RIVERFRONT INTERNATIONAL BUSINESS DISTRICT

武汉市自然资源和规划局　武汉市自然资源保护利用中心　编　著
*
中国建筑工业出版社出版、发行（北京海淀三里河路9号）
各地新华书店、建筑书店经销
北京锋尚制版有限公司制版
北京富诚彩色印刷有限公司印刷
*
开本：880毫米×1230毫米　1/16　印张：11¼　插页：1　字数：257千字
2024年1月第一版　　2024年1月第一次印刷
定价：**188.00**元
ISBN 978-7-112-29317-9
（42087）